확신
크다
사이에서

강하다
지옥

선택육아

어제보다 오늘 더 단단해졌다

한울림

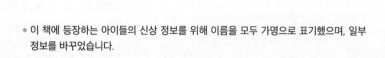

* 이 책에 등장하는 아이들의 신상 정보를 위해 이름을 모두 가명으로 표기했으며, 일부
  정보를 바꾸었습니다.

나의 비장함은 불안에서 왔다

불안을 잘 느끼는 아이가 성인이 되었다. 성인이 되어서도 한동안은 자신이 불안을 잘 느끼는 사람인지 모르고 살았다. 생각보다 불안으로 일상의 많은 부분에 어려움을 겪고 있었다.

쌍둥이를 출산하고는 더 어려워졌다. 엄마도 처음인데, 아이들마저 특별하다 보니 더 헤맬 수밖에 없었다. 육아는 불안 그 자체였다. 잘 키우고 싶었다. 불안하니까 더 잘 알고 제대로 키우고 싶었다.

'잘해야 한다. 지치지 말자. 완벽해야 한다.'

격하게 흔들리고 불안하니까, 육아가 비장해져버렸다.

"이렇게 말 안 들으면 엄마 당장 나가버릴 거야!!!"

잠깐 정신을 잃었던 것 같다. 잘 먹이고 잘 씻겼으니 얼른 재우고 자유시간을 만끽하고 싶었다. 그런데 아주 사소한 일로 잘 눌러왔던 스트레스가 폭발하고 말았다. 완벽할 줄 알았던 하루가 물거품이 되었다.

"엄마, 제가 잘못했어요. 제발 가지 마세요."

맨발로 현관까지 쫓아 나온 후둥이가 바짓가랑이를 붙잡으며 애원했다. 선둥이는 저 멀리 구석에 쪼그려 앉아 엉엉 울고 있었다. 불안으로 떨리는 쌍둥이들의 눈빛에 심장 박동이 빨라졌다. 아랫입술이 파르르 떨리고 눈물이 후드득 떨어졌다. 엄마가 떠날까 봐 어쩔 줄 몰라 하는 아이들의 모습에 죄책감이 해일처럼 밀려왔다.

그날 밤 아이들을 재우고 퉁퉁 부은 눈으로 책상 앞에 멍하니 앉아 생각했다.

'왜 내 육아는 이토록 비장할까?'

모든 것을 완벽하게 해내는 엄마가 되자는 얼토당토않은 다짐부터가 문제였다. 아이들을 키우며 생기는 여러 형태의 불안을 지우기 위해 나 자신을 몰아세웠다. 실수하거나 예측하지 못한 상황을 만나 불안이 커질 때면 아이들에게 더 빡빡한 잣대를 들이댔다. 육아의 본질을 잊고 불안 요소를 제거하는 데만 급급했던 것이다.

내 안의 불안을 인정한 뒤 양육에 대해 가졌던 생각과 프로세스를 초기화하기로 마음먹었다. 모든 기준의 설정값을 '0'으로 맞췄다. 육아가 비장해지지 않기 위해 딱 한 번만 더 비장해지기로 했다.

첫 아이라, 쌍둥이라, 장애 아이를 키워야 해서 더 불안했는지 모른다. 출산 직후 주변은 물론, 육아서나 맘카페에서도 비슷한 상황의 부모를 찾기 어려웠다. 막막하기 짝이 없었지만, 아이들의 이름을 지어야 하는 '부모'가 되었다. 오랜 고민 끝에 쌍둥이들 이름에 돌림자를 쓰지 않기로 했다. 형제, 거기다 쌍둥이면 으레 쓰는 돌림자를 쓰지 않기로 한 것은 아이들이 서로에게 짐이 되지 않고 각자의 삶을 살아가길 바랐기 때문이었다.

그렇지만 마음은 이리저리 흔들렸다. 마음 깊은 곳에는 부모가 편한 방향대로 흘러갔으면 하는 바람이 넘실댔다. 뭘 해도 둘이 한 번에 했으면 좋겠고, 같은 걸 좋아했으면 싶었다. 어린이집에 함께 다니면서 뭐든 서로 의지했으면 하고 바란 적도 많았다. 하지만 두 아이의 발달 속도는 달라도 너무 달랐다. 기질, 성격, 취향마저 판이하게 갈렸다. 성씨 빼고 같은 글자가 없는 이름처럼 말이다.

각자에게 맞는 육아법을 공부해야만 했다. 무엇보다 장애 아이의 양육법에 대해 아는 게 없었다. 장애 형제를 둔 비장애 아이에게 어떤 걸 해줘야 하는지도 몰랐다. 몰라서 불안했고, 불안했기에 더 공부했다. 이것저것 공부한 것들을 집에서 적용하려면 선택과 집중이 필수였다. 안타깝지만 두 아이 모두에게 최선의 것만 해줄 수는 없었다.

처음으로 육아를 서툰 모양 그대로 인정했다. 힘껏 불안해 봤기에 도리어 중심을 잡을 수 있었다. 아이를 키우며 만나는 복잡하고 머리 아픈 선택의 순간마다 함부로 흔들리지 않으려면 부모로서 기준을 세워야 했다. 그래서 어떤 전문가도 콕 집어 알려줄 수 없는 우리 집 쌍둥이를 위한 육아관을 세워나갔다. 스스로 질문을 던지고, 그 질문을 체계화하는 과정을 통해 생각과 마음가짐을 하나하나 정리할 수 있었다.

이 책에는 마음껏 흔들렸던 시기의 나에게 던졌던 질문과 스스로 답을 구하는 과정이 고스란히 담겨 있다. 그 과정을 함께 따라가다 보면 누구나 자신의 아이에게 맞는 육아법을 찾을 수 있을 것이다.

　　물론 시행착오를 여러 번 겪을 수 있다. 기준을 바꾸고 목표를 수정하기도 할 것이다. 하지만 우리가 육아하는 목적은 그대로다. 아이들이 행복하길 바라는 것. 그리고 부모인 당신이 더 단단해지는 것. 이게 전부다.

　　막막했던 나처럼 누군가는 여전히 육아의 길을 잃고 헤매고 있을 것이다. 방황하고 있다면 길을 잃은 게 아니라 맞는 길을 찾기 위해 잠시 멈춰 서 있을 뿐이라고 생각하면 좋겠다. 멈춘 김에 숨 좀 돌리고 찬찬히 육아의 꽃길을 함께 찾아보자.

김하림

차례

Chapter 02 기준을 세우니 단단해지기 시작했다

Chapter 03 ## 선택육아 설계 3단계
관찰하기 - 기준 세우기 - 실천하기

불안하니까,
이것저것 다 해봤지만

불확실한 시대에 육아 너마저
나도 나를 모르는데 육아를 알 리가

　　　　　　　　하루아침에 소중한 일상을 잃어본 적이 있다. 맑은 공기를 마시기 위해 마스크를 내리는 일이 죄를 짓는 것 같았다. 소중한 사람들과의 만남도 철저히 차단됐고, 즐거움을 느끼는 일도 감염의 공포 앞에 다 멈추었다. '거리두기'라는 새로운 용어가 익숙해질 만큼 길고도 긴 시간이었다.

　그 시기에 육아를 했던 부모들은 기억한다. 아무도 경험해본 적이 없어 누가 알려주지도, 따로 배울 수도 없었던 마스크 씌우기가 얼마나 힘들었는지를. 모자만 써도 불편해 벗어 던지는 아이에게 답답한 마스크를 씌우는 일은 고난도의 미션이었다.

　코로나 베이비였던 우리 집 쌍둥이들도 피할 수 없었다. 어르고 달래고, 좋아하는 캐릭터가 그려진 마스크를 사보기도 했다.

마스크를 씌우는 비법이 적힌 육아서는 어디 없나 찾아볼 정도로 쉽지 않았지만, 결국 적응을 했다. 주변 부모들도 자기 아이들에게 잘 맞는 방법을 용케 찾아냈다.

코로나가 종식되면 당장이라도 답답한 마스크를 벗어 던져버릴 줄 알았는데, 막상 그때가 오자 쉽게 그러지 못했다. 적어도 아이들만은 코로나의 공포에서 벗어나기 힘들었다. 마스크를 벗으면 큰일이 날 것 같은 기분에 몸을 사렸다. 마스크가 벗겨지면 모든 활동과 움직임을 멈추고, 고쳐 쓰는 게 습관이 된 쌍둥이들도 하루아침에 마스크를 쓰지 않아도 된다고 하니 매우 혼란스러워했다.

요즘은 어떠한가. 코로나 시국엔 마스크 덕분에 감기나 독감에 잘 걸리지 않았었다. 그런데 마스크를 벗자마자 온갖 질병에 무방비하게 노출되고 있다. 코로나를 제외한 바이러스들은 그동안 힘을 비축해 놓은 것인지 우리를 끊임없이 병원에 들락날락거리게 했다. 다시 마스크를 씌우는 부모들도 많아졌다. 불안한 마음을 달래며 저마다의 방식대로 고군분투 중이다.

생존의 위협을 느끼는 환경과 시대에 놓인 부모는 불확실성을 떠안고 있다. 문제는 이 불안이 아이들에게도 대물림될 수 있다는 것이다. 불확실의 시대에 어쩔 수 없이 불안을 받아들여야 한다면, 이 불편한 감정을 잘 다루는 법을 부모가 먼저 배워야만 한다. 그리고 아이들에게 잘 가르쳐야 한다.

나는 또래에 비해 남다른 아이였다. 어릴 때부터 좋은 부모가 되는 것에 진심이라 대학생 때 교양 과목으로 부모교육을 들었다. 그 교재를 결혼 전까지 틈나면 읽었다. 그때의 배움으로 좋은 인간이 좋은 부모가 될 수 있다는 것을 알았다.

하지만 결혼과 출산 직전까지도 좋은 인간부터 해내지 못한 상태였다. 쌍둥이를 품었다는 사실을 처음 알았을 때, 이번 생에 '좋은'이라는 타이틀은 따기 어렵겠다는 생각이 들었다. 뭐든 두 배라는 두려움에 쌍둥이 육아가 막막하기만 했다. 출산 전부터 남편에게 "각자 한 명씩 맡는 거야!"라고 외치며 도움을 구걸하듯 당부했다.

출산 후 폭풍 같은 하루를 보내며 육아를 했다. 왜 화가 나는지, 왜 말이 곱게 안 나가는지 생각해볼 여력도 없었다. 점점 육아에 지쳐갔다. 뚜렷한 원인도 해결책도 알 수 없었다. 하지만 그 순간에도 여전히 나는 부모이고 육아는 계속되고 있었다.

'나'는 어떤 사람인가 고민해본 적은 있지만, '부모'로서 '나'는 들여다보지 못했다. 육아를 하다 보면 '나'를 살피는 게 사치 같이 느껴진다. 자식을 돌보는 일에도 시간이 모자라기 때문이다.

첫 아이를 키울 때는 아무것도 몰라서, 둘째는 첫째와 달라서, 쌍둥이는 동시에 둘인 것도 모자라 각자 다른 성향으로 육아의 어려움을 겪는다. 부모로서 잘하고 있는 걸까, 제대로 훈육하고 있는 걸까, 교육은 어떻게 접근해야 하는 걸까 고민은 끝이 없다. 많은 육아 정보를 접하지만 내 아이에게 맞는 방향인지는 알 수 없다. 살면서 이렇게까지 자신에게 확신이 없었나 싶을 만큼 어렵고 답이 보이지 않는다.

뭐든지 처음은 어렵고 막막하고 두려운 게 맞다. 하루하루가 지나 일상이 되고 아이들과도 합이 맞을 때 불확실성은 안정성으로 바뀐다. 그 과정에서 스스로 잘 해내고 있다는 믿음이 피어오른다. 작은 성공 경험들이 쌓여 자기 확신이 생기는 것이다.

우리는 코로나 시국에 이미 변화무쌍한 스킬로 위기를 극복해본 경험이 있다. 누구도 가르쳐준 적 없는 마스크 씌우기에 성공하지 않았나. 그 어려운 것을 부모인 당신은 해냈다.

육아는 불확실하기에 답도 없고 어렵다는 사실을 받아들이자. 쉽지 않으니 헤매는 게 당연하다. 그럼에도 '나'는 불확실한 시대에 살아남는 방법을 터득한 훌륭한 부모가 아닌가. 그 누구도 내 아이에게 맞는 방법을 알지 못한다. 오직 당신만이 안다.

육아도 공부하면 나아질까
열심히 읽으며 육아법도 공부했지만

가까운 지인이 책 하나를 건넸다. 그녀는 매
달 열 권씩 육아서와 자녀교육서를 읽는 공부하는 엄마였다. 아
이들이 태어나기 전부터 읽어온 책이 천 권쯤 되었단다. 만날 때
마다 육아 꿀팁을 알려주고, 고민을 들어주는 든든한 육아 동지
였다. 육아에 달인이 있다면 그녀가 아닐까 싶었다.

그랬던 그녀가 하루는 도리어 고민을 털어놓았다. 아이를 양육
하는 방향을 잃었다며 어디서부터 잘못된 것인지 모르겠다고 했
다. 그녀의 말을 듣고 혼란스러웠다. 그 많던 책에서 방법을 찾지
못했던 걸까.

그녀의 고민은 이랬다. 책에서 하라는 대로 늘 노래를 틀어주
는데 어느 날부터 아이가 대차게 거부한다는 것이었다. 어릴 때

는 엄마의 노력을 이래저래 잘 따라오던 아이였지만, 자아가 생기고 의사 표현이 뚜렷해지는 나이가 되니 투정과 떼를 부릴 때가 온 것이다.

"육아서에는 다양한 소리와 노래로 자극을 주라고 했는데⋯. 노래만 틀면 울고불고 난리가 나."

그녀는 책에서 본 대로 했을 뿐인데 왜 아이가 거부하는지 모르겠다고 말했다. 노래도 바꿔보고, 듣는 방식도 달리해봤단다. 춤도 추고 웃긴 동작도 하고 아이의 관심을 끌려고 온갖 노력을 기울였지만, 언젠가부터 아이는 노래만 틀면 울며 뒤집어진다고 했다. 그 말을 듣고 교육에 진심인 그녀에게 넌지시 물었다.

"혹시 영어로 된 노래야?"

흠칫 놀라는 눈치였다.

"우리말이 아니라서 그럴 수도 있을 것 같은데? 익숙한 말이 아니니까."

"사실 맞아. 영어만 틀면 그 난리야. 좀 유명하다 싶은 책들에 비슷하게 쓰여 있었어. 노래를 들려주면 영어를 놀이처럼 쉽고 재밌게 배울 수 있다고. 근데 내 자식이 이렇게 배신할 줄은 몰랐다, 야."

그러면서 수백 권의 책 중에 '내 아이만'을 기준으로 쓰인 책은 없었다는 말을 덧붙였다. 현명한 그녀는 아이가 거부하는 이유를 짐작하고 있었지만, 무시하고 싶었다고 했다. 많은 책에서 성공했다 말하니 자신의 아이도 그럴 거라 생각했단다. 그러나 저자의 성공 경험이 내 아이에게도 똑같이 통할 수는 없는 법이다.

앞서 말한 그녀가 건넨 책은 아이의 수면에 관해 여러 가지 방법론을 제시한 것이었다. 몇 장을 후루룩 읽었다. 감탄을 쏟아내며 광명을 찾았구나 싶었다. 쌍둥이 육아로 수면의 질이 최악인 상태라 분리수면이 간절했다. 책을 읽고 또 읽었다. 당장 시도하고 싶었다.

그 책은 이야기로만 존재하고 실재하지 않는다는 '유니콘' 같은 아이들을 소개하고 있었다. 애착 인형을 들고 알아서 자러 들어간다는 네 살 아이도, 자는 방에 눕혀 놓으면 스스로 잠든다는 아이도 있었다. 경이롭다 못해 믿기지 않았다. 우리 아이도 유니콘이 될 수 있지 않을까 하는 행복한 상상에 빠졌다.

울리며 재워도 정서적으로 전혀 문제가 없다는 책 내용을 되뇌며 백 일이 지날 때쯤 후둥이의 분리수면을 시도해보기로 했다.

마음 약한 엄마가 단호해지기가 어려워 아빠가 시작했다.

대망의 첫날, 아이는 두 시간가량을 울다 지쳐 잠들었다. 묘한 죄책감이 밀려왔다. 당장이라도 그만두고 싶은 마음이 굴뚝같았지만, 책에서 꾹 참고 기다리라 했다. 오히려 그 과정이 필요하다는 내용을 곱씹으며 다음 날도, 그다음 날도 계속 분리수면을 시도했다. 신기하게도 하루하루 지나면서 울음의 길이가 짧아지고 약해졌다. 그렇게 몇 달을 아이는 스스로 잠들었다. 기특한 아이에게 아침에 일어났을 때 애정 어린 표현을 잔뜩 해주는 것도 잊지 않았다. 꿀맛 같은 수면독립이 영원할 것만 같았다.

그리고 겨울이 왔다. 후둥이가 자는 방에 외풍이 심해 방을 바꿔야만 하는 상황이었다. 원래 자던 방이 아닌 다른 방에서 잠들게 하려니 자꾸 범퍼 침대에서 기어 나왔다. 엎친 데 덮친 격으로 후둥이가 감기에 걸렸다. 열이 펄펄 끓어오르는 아이를 토닥이며 엄마 옆에서 잠을 재웠다. 열 보초를 서야 하니 당연히 그래야만 했다.

며칠 뒤 감기는 나았지만 아이는 엄마와 잤던 달콤함을 잊지 못했다. 스스로 잠들 줄 알았던 후둥이는 방문을 박차고 나와 엄마 옆에서 자려는 시도를 계속했다. 결국 수면독립은 단 몇 개월

만에 끝이 나고야 말았다.

한 번 성공했던 경험 때문인지 더 억울했다. 수면에 관한 다른 육아서들을 찾아보았다. 너무 이른 나이에 분리수면을 하면 좋지 않다는 주장도 있었지만, 그 당시에는 눈에 들어오지 않았다. 수면독립이 잘 이루어지면 주체적인 아이가 된다는 말이 잔상처럼 남아서 아쉬움만 가득했다.

하지만 더는 시도하지 않았다. 어쩌면 처음부터 수면독립을 하지 않는 게 나았을지도 모르겠다. 후둥이가 크고 보니 예민한 기질이 두드러지고, 겁이 많은 편이라는 것을 알게 됐다. 그땐 너무 어려서 몰랐다. 지금 와서 돌이켜보면 후둥이의 기질에 이른 수면독립 방식이 그다지 맞지 않았던 것 같다.

쌍둥이의 수면독립은 여전히 대실패다. 하지만 아이는 성장하며 달라진다. 그때는 성공했고 지금은 실패지만, 결국은 독립하게 될 테니 크게 걱정하지 않는다. 실제로 엄마가 아니면 자지 못했던 아이들이 아빠와 같이 자는 것에는 무탈하게 성공했다. 잠이 들 때쯤 귓속말로 "엄마는 거실에서 정리할 게 있으니까 푹 자고 내일 만나."라고 인사하면 스르르 잠이 든다. 아이들은 고맙게도 알아서 잘 해내고 있다.

아이를 키우며 육아서를 읽는 당신은 대단한 사람이다. 머리를 쉬게 하는 재미있는 책들도 많은데, 바쁜 시간을 쪼개 아이를 더 잘 키우기 위해 열심히 공부하지 않았나. 그리고 아이에게 시도해보려고 이런저런 아이디어를 짜냈을 것이다. '내일 다시 잘 해봐야지!'라는 다짐도 당연히 했을 테고.

책을 열심히 읽고 더듬더듬 길을 찾는 과정은 분명 의미가 있다. 불안하니까, 처음이니까, 잘 모르니까. 어느 쪽으로 가야 할지 확신이 서지 않을 때 육아서가 도움이 된다. 길잡이 역할을 하는 육아서를 읽으며 어렴풋이 방향을 잡아가는 것이다.

하지만 육아서가 모든 답을 가지고 있는 건 아니다. 책에 나온 대로, 저자의 성공담대로 아이가 따라주지 않는다고 좌절하지 않았으면 좋겠다. 아무리 좋은 방법도 그때는 맞고, 지금은 틀릴 수 있다. 반대로 지금은 틀려도 그때는 맞을 수 있다.

선택의 결과가 두려워
맘카페와 단톡방에 쏟아지는 질문들

임신했을 때 주변에 출산한 사람이 없어 물어볼 사람이 없었다. 쌍둥이는 더 귀했다. 가까운 지인들에게 듣는 이야기만으로는 아쉬웠다. 이것저것 정보를 검색하다가 맘카페 몇 개를 알게 되었다. 카페에는 다양한 쇼핑 정보부터 육아 경험담, 임신과 출산 관련 에피소드들이 총망라되어 있었다. 눈앞에 신세계가 펼쳐지는 기분이었다. 그렇게 점점 가입하는 카페 수가 늘어갔다.

맘카페에는 하루에도 수십 개씩 질문 글이 올라왔다. 누군가 정보를 얻기 위해 질문을 하면 다른 회원들이 댓글로 답을 달아주었다. 종종 같은 질문이 여러 차례 올라오기도 하기도 하는데 거기에 달린 댓글은 천차만별이었다.

한번은 선둥이가 대변을 잘 보지 못해 어떻게 하면 좋을지 맘 카페에 물었다. 다양한 방법들이 댓글로 달렸다. 그중에는 특정 제품을 먹어보라는 내용도 있었다. 급한 마음에 제품을 사봤지 만, 전혀 효과를 보지 못했다. 제품을 권한 작성자의 지난 글을 살 펴보았다. 변비를 고민하는 질문에 똑같은 댓글을 계속해서 달고 있었다. 한결같이 그 제품을 먹어서 효과를 봤다는 내용이었다. 대변이 쑥쑥 나온다는 과장 섞인 내용도 있었다. 당시에는 간절 해서 몰랐는데 다시 보니 광고 같았다. 내용이 비슷하다 못해 복 사 붙여넣기 한 글도 있었다. 그걸 보니 정신이 번쩍 들었다. 인터 넷에 넘쳐나는 정보 속에서 분별력을 가지지 않으면 안 될 일이 었다.

어떤 순간마다 선택을 해야 하는데, 그에 따른 결과가 두려울 때가 있다. 그래서 다양한 의견을 들어보거나 다수의 동의를 구 하고 싶은 마음에 맘카페 같은 곳에 질문을 던진다. 하지만 그 답 변들이 유용한지는 꼼꼼히 따져볼 필요가 있다. 광고성 댓글인 지, 진짜 자신의 경험을 나누기 위함인지 혹은 귀동냥으로 들은 '카더라'류의 이야기인지 잘 판단해야 한다.

하루는 친한 친구가 몇몇 부모들이 모여 만든 단체 채팅방을 소개했다. 정보가 많으니 들어오라며 초대를 해줬다. 처음 몇 번은 좋은 육아 콘텐츠를 추천받거나 대박 육아템을 소개하면서 정보를 공유하는 재미가 쏠쏠했다. 그런데 단톡방 인원수가 점점 늘어나 800명이 넘어가면서 문제가 생겼다.

어느 순간부터 하루에 300개씩 쌓여 올라가는 메시지 알림 숫자를 보기만 해도 피로해졌다. 더구나 아이들 나이가 다양하다 보니 표현만 조금 다를 뿐 비슷한 질문들이 하루에도 수십 번씩 올라왔다.

"아이가 혼자 놀지 않아요. 문제가 있나요?"

"밥을 잘 먹지 않아요. 잘 먹는 팁이 있을까요?"

"학습지를 안 하고 있는데 괜찮을까요?'

"다른 엄마들은 다섯 살 때 뭐 하고 놀아주나요?"

한 번쯤 고민했던 질문들이 올라오면 그냥 지나치지 못하고 글을 꼼꼼히 읽었다. 그다지 관심 없던 질문도 댓글이 많이 달리면 무슨 내용인지 눈여겨보았다. 하루에 몇 번씩 단톡방을 들락거려도 정독하지 못하는 글이 쌓여가자 못내 찜찜한 기분이 들었다. 그 전에 없던 걱정이 밀려오기도 했다. 나 빼고 다들 열정적으로 아이를 키우는 것 같아 자괴감이 들 때도 있었다.

'이 시기에 이런 것들을 해줬어야 하는구나.'

'한 번도 생각해본 적이 없는데… 이런 질문도 하네?'

'나만 맨날 똑같이 놀아줬나. 이렇게 다양하게 놀아준다고?'

'좀 더 일찍 알았으면 좋았을 텐데.'

열정적으로 아이들에게 무언가 해주는 부모들을 보면 스스로 부족한 부모라고 생각하기 쉽다. 전혀 그럴 필요가 없는 데도 말이다. 뒤처지는 부모가 아니라 온라인에 인증글을 올리지 않는, 참고하며 관찰하는 부모일 뿐이다. '누군가는 저렇게 열심히 키우는구나.'라고 생각하며 자기 나름대로 온·오프라인 정보를 활용하여 육아하는 '다른' 종류의 부모인 것이다.

출산 이후 극도의 불안을 느꼈던 내겐 맘카페와 단톡방 정보들이 매우 한정적으로 다가왔다. 다운증후군 아이와 쌍둥이에 대한 정보가 거의 없었기 때문이다. 나와 비슷한 경우가 없어서인지 아니면 그런 부모가 있어도 선뜻 글을 올리지 못하는 것인지는 모를 일이었다.

"다운증후군 고위험군 수치가 나왔어요. 그래도 정상 아이가 나오겠죠?"

이런 질문에 그 누구도 다운증후군 아이가 태어났다는 댓글은 없었다. 아이를 낳고 보니 실제 다운증후군 아이를 출산한 부모들은 글을 남기지 않는다는 것을 알았다. 나 역시 댓글을 달 수 없었다.

"저는 쌍둥이인데요. 한 명은 다운증후군, 다른 아이는 비장애 아이예요. 두 아이 다 잘 크고 있어요. 다운증후군 아이가 없었다면 제 삶은 정말 별 볼 일 없었을 것 같아요."

이렇게 쓰고 싶은 마음이 수천 번도 더 있었지만 쓰지 않았다. 이유는 간단하다. 글쓴이가 원하는 대답이 아닐 것이 분명했다. 보는 사람은 많아도 쓰는 사람은 따로 있는 것이 맘카페와 단톡방이다. 우리가 보는 글에 쓰이지 않은 답변이 있을 수도 있다는 뜻이다. 그런 의미에서 온라인 커뮤니티에 올라와 있는 글은 절대 대표성을 가질 수도, 일반화될 수도 없다.

아이에게 필요한 제품 정보를 얻었다면 궁금한 마음에 사볼 수 있다. 아이에게 맞거나 아이가 좋아하면 잘 쓰면 되는 거다. 그게 아니라면 중고마켓에 보내거나 다른 사람에게 줄 수도 있다. 좋다는 말에 한번 해보고, 괜찮으면 계속할지 그만둘지 선택하면 그만이다. 아이가 거부한다면 내 아이에게 맞지 않았을 뿐이다.

사용해보고, 직접 해봐야 아이가 좋아하는지 아닌지 알 수 있다. 수많은 정보글에 이리저리 휩쓸릴 것이 아니라 '오케이! 도움 됐다!' 이 정도의 가벼움으로 맘카페와 단톡방을 대하는 게 어떨까.

팔랑 귀로 강남 가기
선배 맘들이 말하는 대로 내 아이에게

이따금 주변에 있는 선배 부모들에게 이것저것 묻곤 한다. 맘카페나 단체 채팅창에 묻는 것보다 공신력이 있기 때문이다. 알고 싶은 것을 빠르고 생생하게 들을 수 있다는 장점도 있다. 아이를 먼저 키운 언니가 추천하는 육아템은 광고가 아니니까 지갑이 금방 열린다.

한번은 똑똑한 여자아이를 키우는 친구가 최근에 산 교구가 좋다며 추천을 해줬다. 다들 그 친구가 추천하는 것은 믿고 사는 분위기가 있었다. 나 역시 귀가 세차게 팔랑거렸다.

꽤 값이 나가는 교구였지만 누구나 좋아한다는 말에 이끌려 홀린 듯이 구매했다. 뭐든 잘 가지고 노는 후둥이에게 슬며시 들이밀어봤지만, 결과는 꽝! 눈길 한 번 주지 않았다. 그 교구는 자연스레 구석으로 밀려났고 먼지가 소복이 쌓일 정도로 잊혀 갔다. 비싸게 주고 산 게 아까워 몇 번 시도해봤지만, 아이는 쓱 밀어버리기 일쑤였다. 눈물을 머금고 반값도 안 되는 가격에 중고로 팔아버렸다.

나중에 알고 보니 그 친구는 교구를 사놓고 꾸준히 야금야금 노출시켰다고 했다. "엄마가 이번에 새로운 걸 샀어! 짠!" 하는 방식으로 아이 앞에 놓아두면 잠깐 가지고 놀 뿐이라고 말했다. 아이가 꾸준히 갖고 놀게 하려면 어디나 놓여 있어 스며들듯 일상이 되게 하라는 말도 더했다. 친구는 엄마가 즐겁게 가지고 노는 모습을 보여주거나 문 앞에 버리고 왔다는 말로 아이의 관심을 끌기도 했단다. 여기서 키포인트는 내 아이가 좋아할 만한 교구를 고르고, 스며드는 방식으로 접근한 것이다.

이제 와서 생각하니 여자아이들이 좋아할 만한 파스텔 색상의 교구에 남자아이인 후둥이가 흥미를 느끼지 못하는 게 당연했다. 그저 좋다는 말에 휩쓸려 깊게 생각하지 못했다. 하도 좋다고 하니 일단 사보자는 마음이 강했다.

"애가 등원거부가 심해. 어떻게 적응했어?"

후둥이는 어린이집 적응에 오랜 시간이 걸렸다. 대략 6개월을 매일 울면서 등원했다. 코로나 때문에 부모가 원에 들어갈 수 없었던 탓도 한몫했지만, 단순히 낯설어서라고 하기엔 꽤 긴 시간을 어린이집에 가지 않겠다고 떼를 썼다.

지인들은 후둥이의 원활한 등원을 위해 우리 부부가 얼마나 노력했는지 잘 알고 있다. 만나거나 연락하는 모든 사람마다 아이의 등원거부를 이야기하며 도움을 구했기 때문이다. 작은 팁이라도 얻었으면 하는 절박한 심정이었다. 다양한 조언들이 쏟아졌다. 대부분 등원거부에 효과를 봤다는 참신한 방법들이었다.

어린이집 주변을 서성이다 들어가 보라는 조언에 한 시간씩 일찍 나와 어린이집 놀이터에서 놀다가 들어갔다. 하원할 때도 좋은 기억을 심어주려고 또 한 시간을 주변에서 놀다가 집으로 돌아갔다. 선생님을 활용해보라는 말에는 예쁜 나뭇잎이나 떨어진 꽃을 주워 선생님께 드리러 가자고 살살 구슬리기도 했다.

온갖 물건을 손에 쥐여줘 보고 사탕 같은 간식도 등원을 위해서라면 아낌없이 주었다. 여러 선배 엄마와 지인들의 경험에서 나온 비법이었다. 심지어 원을 옮기라는 조언도 있었다. 그 말에 대기까지 할 정도로 인기 많은 국공립 어린이집에 다니고 있음에도 다른 원으로 옮길까 수십 번도 더 고민했다.

"엄마랑 정말 떨어지기 싫은가 보다."

한 엄마가 이렇게 말했지만, 그때는 귀에 들어오지 않았다. 그 말에 임팩트가 없었다고 할까. 아이를 키우며 '애착'이라는 단어를 귀에 딱지가 앉을 정도로 들어왔지만 등원거부와 연결 지어 생각하지 못했다. 선생님이 무서운 건지, 친구들이 싫은 건지, 어린이집 분위기가 이상한 건지 그저 외부에서만 원인을 찾으려 애썼다. 진짜 원인을 모르니 주변에서 알려주는 다양한 방법들도 큰 효과를 보지 못했다.

그러다 겁 많은 후둥이의 기질이 보이면서 아이가 '엄마와 헤어진다=두려운 곳에 혼자 남겨진다'라고 생각하는 걸 알았다. 엄마와 떨어지기 싫어하는 후둥이의 마음을 읽고 나서부터 등원거부를 해결할 실마리가 보였다. 어린이집 선생님과 밀접하게 소통하며 주된 원인을 찾던 중에 후둥이가 반에서는 잘 지내다가도 강당에만 들어가려고 하면 울고불고 야단이라는 사실을 알게 되었다.

후둥이는 주변 아이들과 달리 공간에 대한 공포가 컸다. 그래서 그간의 조언들이 딱 들어맞지 않았던 것이다. 원인을 찾아낸 뒤 강당 앞에서 후둥이를 안심시키기 위해 선생님들이 바빠지셨다. 세심한 돌봄 덕분에 눈에 띄게 등원거부가 줄었다. 기질에 대한 이해가 부족해서 생긴 장기전이었다.

오랜 시간이 걸렸지만, 어쨌든 해결책을 찾자 나의 고민을 수차례 들어온 사람들이 도리어 조언을 구하기 시작했다. 등원거부의 원인과 적절한 해결책을 찾은 것이 알음알음 주변 사람들에게 전해진 것이다. 비법을 알려달라는 요청에 어떻게 말해줘야 할지 고민이 많았다. 아이들이 모두 다르다는 것을 시행착오를 겪으며 몸소 체험했으니 말이다.

친한 동생의 여자아이, 준희도 등원거부가 매우 심했다. 고생하는 그녀에게 내가 써봤던 방법들을 줄줄이 나열해주었다. 이것저것 시도해봤지만, 소용이 없었다. 준희는 준희대로 등원을 거부하는 명확한 이유가 있었기 때문이다.

준희는 후둥이와 다르게 좁은 공간에 답답함을 느꼈다. 여자친구들과 놀고 싶은데 남아들이 원에 많은 것도 등원을 거부하는 이유 중 하나였다. 준희의 경우 후둥이와 다르게 원을 옮겨야 한다는 결론이 나왔다. 준희는 공간이 넓은 유치원으로 옮긴 뒤 쉽게 적응했고, 또래들과 잘 어울리며 행복한 원 생활을 하고 있다.

이렇게 같은 등원거부라도 원인은 각자 다르다. 그 말인즉슨 아이마다 기질과 성향이 모두 다르다는 것이다.

후둥이와 준희의 등원거부는 같은 모습으로 나타났다. 거부하는 원인도 환경적 요인으로 같았다. 하지만 자세히 들여다보면 하나는 넓은 공간에 대한 공포, 다른 하나는 좁은 공간이 주는 답답함으로 그 이유는 조금씩 달랐다. 부모이기에 알 수 있었던 일이다.

주변인의 충고가 도움이 될 때도 있지만, 모든 경우에 딱 들어맞는 것은 아니다. 아이의 기질과 성향을 이해한 당신만이 해결책을 찾을 수 있다. 아이를 제대로 파악했을 때 선배 부모의 조언도 내 것으로 소화할 수 있다. 가랑이가 찢어지지 않게 적절한 방법을 잘 골라낼 수 있는 것이다.

한 번이라도 아이를 키워본 부모는 전문가가 맞다. 육아를 하며 얼마나 인내하고 고민했는지 우리 스스로 알고 있다. 누가 뭐래도 내 아이에게만큼은 가장 빛나는 전문가임이 틀림없다.

다른 엄마들은 다 하는데
SNS 인증과 비교에서 오는 걱정

"엄마표 영어, 엄마표 수학. 다 알겠다 이거야. 근데 엄마표 놀이는 뭐야? 놀이가 그냥 놀이지 엄마표는 뭐가 다른가? 나만 이렇게 생각 없이 놀아주나?"

최근에 SNS를 시작한 조리원 동기 언니가 이해가 안 간다며 이렇게 물었다.

쌍둥이들을 출산할 때쯤 나도 인스타그램으로 많은 육아 정보를 접했다. 그중에서 가장 기억에 남는 것은 '엄마표'라는 해시태그였다. 피드를 보면 엄마들이 각종 콘텐츠 중에 필요한 것을 찾아 출력해서 자르고 코팅을 해서 학습 자료를 만들고 있었다. 그 자료에 찍찍이 스티커를 붙여서 내 아이만을 위한 조작북을 만드는 영상도 있었다. 맞춤형 조작북을 가지고 재미있게 노는 아이

사진도 심심찮게 올라왔다.

엄마들이 올린 사진이나 영상을 보니 나도 당연히 그래야 할 것 같았다. 그래서 사람들이 올려놓은 자료를 참고해 직접 만들고, 출력하고, 자르고, 코팅하는 일을 시작했다. 한두 번 만들다 보니 귀찮아졌지만, 아이들을 위한 것이려니 하고 시간과 노력을 투자했다. 그런데 기대와 달리 아이들은 잠깐 놀고 내팽개치기 일쑤였다. 열심히 만들었는데 잘 가지고 놀지 않으니 부글부글 화가 끓어올랐다. 잠을 줄여가며 밤마다 칼질한 것에 대한 묘한 보상심리가 작동했던 탓이다. 이게 진짜 아이들을 위한 건지 헷갈리기 시작했다.

결과적으로 나는 엄마표라 불리는 노동을 오래 지속하지 못했다. 처음엔 아이들을 위한 마음으로 뭔가를 만드는 게 즐거웠다. 누가 시키는 것도 아니었기에 정성을 기울이는 내 모습에 뿌듯함을 느낀 것도 사실이다. 하지만 디자이너의 직업병으로 대충은 못 하고, 제대로 하려니 업무처럼 느껴져 스트레스가 쌓였다. 차라리 만들어놓은 조작북을 사는 것이 나았다. 다른 엄마가 만들어준 '엄마표 조작북'을 팔기도 했으니 말이다.

고민 끝에 과감히 엄마표를 버렸다. 쌍둥이 엄마라는 사실을

간과한 것을 깨달았기 때문이다. 조작북을 만들 시간에 잠을 더 자고 푹 쉬면서 컨디션을 조절하고, 화내지 않기 위해 에너지를 비축하는 것이 더 나은 선택이었다.

아이의 발달에 맞는 다양한 자극을 제공해주는 것은 중요하다. 단지 같은 시간을 엄마표에 쓰기보다는 체력과 에너지를 아껴 아이와 실컷 놀아주기를 선택했을 뿐이다. 사실 엄마표가 아닌 게 어디 있나. 신나게 노는 매 순간이 엄마표인 것을.

SNS에 있는 아이들은 다 영재처럼 보였다. 옆집 아이도, 잘 모르는 아이도 할 줄 아는 게 참 많았다. 나 역시 자랑하고 싶은 마음에 아이가 해낸 것을 게시물로 올린 적이 있다. 한참 지나 부끄러운 마음이 올라와 몰래 삭제했지만.

인스타그램은 자랑으로 들끓는 용광로 같았다. 쌍둥이들 또래로 보이는 아이가 혼자서 책을 줄줄 읽고, 영어 노래를 따라 부르는 것을 보고 있으면 불안한 마음이 스르르 올라왔다. 조급한 마음에 아이를 다그치는 일이 늘었다. 왜 안 되는지 답답해 성질을 낸 적도 있다.

"이것 봐. 우준이라고 내가 팔로우하는 아이인데 우리 애들이

랑 같은 달에 태어났어. 근데 얘는 벌써 읽기 독립도 하고 영어도
잘해!"

어느 날 우준이라는 아이를 인스타그램에서 알게 되었다. 쌍둥
이들과 같은 동네이고 생월도 같아 더 관심이 갔다. 수학과 영어
를 넘나드는 영재의 모습에 감탄하면서 팔로우 버튼을 눌렀다.

하루는 문화센터 수업이 끝나고 쌍둥이들과 카페에 갔는데, 그
곳에서 우준이를 보았다. 사진으로 낯이 익은 터라 한눈에 알아
봤다. 그런데 엄마로 보이는 사람이 우준이에게 원하는 답을 앵
무새처럼 연습시키고 있는 모습을 보고 말았다. 대답을 제대로
못하자 주변을 살피며 아이를 조용히 다그치는 우준이 엄마의 손
에는 촬영 중인 스마트폰이 들려 있었다. 그 일로 잘 포장되어진
모습이 모든 것을 말해주지 않는다는 사실을 알았다.

확신이 없으니 다른 사람의 사진 한 장으로 내 육아를 평가하
기 쉬웠다. 영혼 없이 SNS를 보고 있으면 실체 없는 불안이 스멀
스멀 찾아왔다. 달의 반대편처럼 SNS 너머 현실에는 어떤 모습이
있는지 전혀 알 수 없으면서 괜한 부러움과 초조함에 종종걸음을
쳤다.

아이가 잘하는 것이나 즐거운 순간을 담고, 자랑하고 싶은 마음이 꼭 문제인 것은 아니다. 그걸 보는 당신 마음에서 일어나는 불안의 동요가 걱정인 거다.

요즘은 인증샷 없이는 육아하기 어렵다는 말이 있다. SNS에 육아의 모든 정보가 있다는 이야기도 들었다. SNS가 인생의 낭비라 해도 당장 정보에 목마르다면 봐도 좋다. 해도 좋다. 다만 당신이 보고 있는 것이 전부가 아니라는 사실을 잊지 않았으면 한다.

내 아이도 느린 아이?
조급하지 않을 뿐인데 병명이 되기까지

"아이가 말이 느린데 자폐는 아닐까?"

"혹시 이런 행동을 하는데 ADHD는 아닐까?"

"이런 거 못하는데 발달지연 아니야?

선둥이는 태어날 때부터 유전적으로 달랐고, 후둥이는 예민했기 때문에 부모가 공부할 수밖에 없었다. 그걸 아는 지인들이 종종 궁금한 것을 묻는다. 하지만 그런 질문을 받을 때마다 쉽게 답해줄 수가 없었다. 전문가가 아닌 건 차치하더라도 말 한마디가 얼마나 큰 마음의 지진을 일으킬지 잘 알고 있기 때문이다.

아이를 데리고 대학병원 재활 치료를 다녔을 때, 유전적으로 아무런 이상이 없는데도 알 수 없는 이유로 발달이 느린 아이들을 보았다. 원인을 알 수 없는 병명을 가진 아이도 당연히 있었다.

그래서 내게 질문하는 경우는 대개 큰 문제가 없어 보였다. 더 중증의 아이들, 병으로 고통받는 아이들을 자주 봤기 때문이었다.

"주하가 너무 집중을 못 해. 아무리 봐도 좀 심해."

주하 엄마가 주하를 한번 봐 달라고 했다. 주변에 아이 발달에 대해 아는 사람이 없으니 전문가도 아닌 내게 지푸라기라도 잡는 심정으로 부탁하는 것 같았다. 섣불리 판단해서 이야기하기보다는 원인을 함께 찾아보기로 했다.

"주하가 집중하지 못하는 이유를 하나하나 찾아보자. 놀이방이 복잡해서인지, 놀 거리가 너무 많아서인지, 주하 언니가 가지고 노는 것에 더 관심이 가서인지 말이야. 모든 가능성을 열어두고 이유를 쭈르륵 다 생각해봐."

집중력이 약한 이유를 찾는 동시에 혹시 모를 여러 가능성도 열어두라고 말했다. 발달지연이나 사회성 결여까지도 말이다. 코로나라는 원치 않는 시간이 주하의 발달에 영향을 끼쳤을 수도 있기 때문이다. 아이들은 환경과 주변에 많은 영향을 받는다.

주하 엄마는 미디어에서 본 여러 사례를 들어 주하의 병명을 추측했다. 자폐, ADHD, 사회성 결여 등등. 주하 엄마를 만나는 날마다 병명이 바뀌었다.

"이유를 못 찾아서 불안하면 발달센터를 찾아가서 검사를 받아보는 것도 추천해. 병원은 조금 부담스러울 수 있으니까."

불안하다면 고민만 하지 말고 발달센터를 먼저, 그리고 심각하다고 판단되면 병원을 방문해보라고 권한다. 센터나 병원에 간다고 해서 고민과 걱정이 바로 사라지는 것은 아니다. 그러나 아이가 좀 느린 거라고, 기다리면 된다는 말을 듣는다면 밑져야 본전 아닌가. 혹여나 생각지 못하게 아이에게 어려움이 있다면 치료하면 그만이다.

물론 누구보다 잘 알고 있다. 아이의 문제를 받아들이는 일이 결코 쉽지 않다는 것을. 하지만 의심되는 병명을 찾아보고 임의로 판단할 시간에 아이에게 더 필요한 것을 해준다면 오히려 시간을 버는 게 아닐까. 합리적으로 생각했을 때 어느 쪽이 더 현명하게 시간을 쓰는 방법인지 잘 따져볼 일이다.

간혹 센터나 병원에서 들은 긍정적 결과에도 끊임없이 아이에게 병이 있다고 의심할 수 있다. 발달 속도는 저마다 다르다고 익히 들어도 아이에게 문제가 있다는 생각을 떨치기 쉽지 않다. 이해한다. 아이에 관해서는 이성적으로 판단하기 힘드니까.

"애가 클 때까지 기다려야 해. 시간이 약이야."

아이에 대한 걱정 앞에 가장 무책임하고 의미 없는 말이라 생각했다. 그런데 키워보니 '시간이 약'이라는 말은 꽤 자주 통했다. 아이들은 자신만의 적정 시기가 있으니 인내심을 갖고 기다리는 말은 불변의 법칙과도 같았다.

20개월 아이가 말을 안 해 걱정이지만 발달센터는 두렵다는 부모에게 감히 기다려보자는 말을 건넸다. 다행히 아이는 네 살이 넘어 말을 했고, 이 반가운 소식과 함께 아이들은 다 때가 있는 것 같다는 말을 전했다. 아이의 부모는 초조한 마음으로 지난 몇 개월을 보냈을 것이다. 경험해보면 알지만 모를 때는 마냥 두려운 게 당연하다. 확신이 없을 때 기다려보자는 말처럼 무책임하게 들리는 말이 없다.

누구든 자신만의 때는 존재한다. 그 시간을 앞당기고 싶어도 쉽지 않다. 선둥이가 그렇다. 아무리 언어치료를 많이 해도 스스로 필요성을 느껴야 말을 한다. 천천히 자기 속도에 맞게, 느리지만 또렷하게 의사를 전달한다. 이런 선둥이의 성향을 알고는 더는 재촉하지 않는다.

아이가 더 답답하고 힘들다. 정말 그렇다. 그러니 묵묵히 기다려주는 것이다. 그 기다림이 힘들다면 아이를 다그칠 때 오는 후폭풍을 생각하면 도움이 된다. 다급한 마음에 아이를 재촉하면 구석에 몰린 아이는 심한 짜증을 부리거나 몸을 쓰며 불편한 마음을 표현하기에 이른다.

요즘은 정신과나 치료센터의 문턱이 꽤 낮아졌다. 코로나 시기를 지나며 언어나 인지발달이 느린 아이들도 많아졌다고 한다. 그러니 인터넷에서 아이의 증상을 검색하고 병명을 이리저리 재는 시간에 전문가의 도움을 받는 것이 좋겠다. 특수 교육에는 조기교육, 조기개입, 조기중재 등의 용어가 있다. 어떤 아이들에게는 빠른 전문가의 소견이 큰 도움이 되기도 한다. 문제가 없는 아이라면 부모로서 어떻게 해야 할지 조언을 구할 수 있을 것이다.

물론 전문가의 진단이나 소견을 듣는 것은 매우 두려운 일이다. 하지만 골든타임은 분명 존재한다. 어떤 것이 아이에게 더 도움이 될지 깊이 헤아려보자.

작심삼일은 과학이길
야심 찬 좋은 엄마 되기 프로젝트

우리 집에 '좋은' 쌍둥이 엄마는 딱 3일만 있다 사라진다. 좋은 엄마가 되겠다는 마음으로 열과 성을 다해 아이들을 돌보겠다는 다짐이 3일 간다는 뜻이다. 작심한 3일 동안은 아이와 수시로 눈을 마주치며 목이 쉬고 땀이 날 때까지 놀아준다. 그야말로 영혼을 갈아넣는다. 이때는 잠시 집안일도 미뤄둔다.

3일이 지나면 피로와 할 일이 쌓이기 시작한다. 단단히 먹은 마음이 무너지며 한숨과 깊은 미간의 골을 숨기지 못한다. 샤우팅과 상처 입히는 말들을 쏟아내기도 한다. 체력과 할 일, 육아의 균형 잡기에 실패한 것이다. 이렇게 작심삼일로 다짐하고 실패하는 일이 계속되다 보니 스스로 엄마로서 문제가 있는 것 같았다. 남들도 다 이런가 싶었다. 좋은 엄마가 되고 싶은데 고작 3일밖에 못 버티는 게 한심했다. 죄책감이 밀려오며 무언가 대책이 필요하다는 생각이 들었다. 구체적인 계획을 짜보기로 했다.

좋은 엄마 되기 프로젝트

- 체력을 아끼기 위해 잘 쉬자. 일찍 자자.
- 고래고래 소리를 지른 날에는 진심으로 사과하고, 재발 방지를 위해 반성문을 쓰자.
- 유튜브에서 본 것처럼 거울을 보며 예쁜 말투로 이야기하는 연습을 하자.
- 아이가 예상 밖의 행동을 했을 때를 시뮬레이션하고, 할 말을 문장으로 적어보자.

이런 노력에도 3일을 넘지 못했다. 쓸모없는 엄마 같았다. 선둥이 치료 후 부모 상담 시간에 고민을 털어놓고 도움을 구했다. 선생님께서는 인자하게 웃으시며 이렇게 말씀하셨다.

"어머니, 뇌는 100퍼센트 인지해도 그걸 행동으로 옮기는 데는 30퍼센트만 할 수 있다고 해요. '내가 쉽게 화를 내는구나' 라고 인지해도 화를 안 내는 행동까지 이어지는 데는 더 오래 걸리겠죠? 원래 오래 걸리는 겁니다. 그리고 좋은 엄마 말고, 괜찮은 엄마로 고치시면 어떨까요? 너무 잘하고 계시니 걱정하지 마세요.”

주르륵 눈물이 흘렀다. 내가 문제가 아니라 원래 뇌가 그렇게 생겨 먹었다니 안도감이 들었다. 작심삼일이 과학이라는 걸 알게 된 것이 어떤 위로보다 도움이 되었다. 그동안 ‘좋은’이라는 말에 집착했던 나 자신을 다독이며 말했다.

‘괜찮은 버전의 엄마로 3일 하고, 또 쉬었다고 3일 하고, 또 3일씩 하다 보면 꽤 괜찮은 엄마가 되는 거네!’

“원래 나는 이러지 않았는데···. 육아를 하면서 180도 바뀐 것 같아.”

엄마가 되기 전에는 ‘나’는 어떤 사람인지, 어떤 말 습관을 지니고 있는지, 어떤 부분에서 쉽게 화가 나는지 깊게 생각해본 적이 없었다. 그러다 신혼 때 남편과 부딪히며 보이지 않던 것들이 보이기 시작했다. 성격이 다른 두 사람이 만나 싸움도 잦았다. 부부의 관계성을 제대로 살피지 못한 상태로 쌍둥이들을 맞이했다.

아이를 낳고 싸움이 더 늘었다는 말을 들어봤나. 우리 집이었다. 쌍둥이들을 돌보는 것이 고되다 보니 서로를 배려하지 못했다. 나는 남편의 행동이 이해되지 않았고, 남편도 나를 받아들이지 못했다. 의견 차가 좁혀지지 않아 다툼으로 육아의 밤을 마무리하는 날이 많아졌다.

몸도 마음도 점점 지치다 보니 갈피를 잡기 힘들었다. 부부 사이도 모르겠고, 육아는 더 막막했다. 그렇지만 어떻게든 불퉁한 마음을 고쳐먹어야 했다. 아이는 부모라는 처음 만난 세계에서 지대한 영향을 받으며 자라게 될 텐데 이대로는 안 될 일이었다. 나를 알고, 남편을 알 필요가 있었다.

부부는 한 번쯤은 자신을 돌아볼 필요가 있다. 아이에게 어떤 영향을 주는지 살피기 위함이다. 아이가 태어난다고 해서 갑자기 새사람이 되지는 않는다. 그러나 자신을 알고, 배우자를 알면 아이도 또렷하게 보인다. 아이의 기질과 성향을 좀 더 잘 파악할 수 있다.

보통 아이들이 이해되지 않을 때 쉽게 따라오지 않을 때 육아가 벅차다고 느낀다. 하지만 그게 아이다. 그게 육아다. 이해하지 말고 받아들이면 점점 쉬워진다. 나도 그랬다.

여기 화내지 않으려 애쓰는 부모가 있다. 하지만 그때 뿐, 돌아서면 또 소리치고 만다. 그래도 다시 다짐한다. 매번 작심삼일로 끝나도 계속 시도한다. 이만하면 꽤 괜찮은 부모라고 생각되지 않는가. 그게 당신이다. 매일 밤 자신을 돌아보고 재차 다짐하는 것을 안다. 잠든 아이의 등을 쓸어내리며 내일은 엄마가 더 노력한다고 되뇌지 않았나. 당신은 이미 괜찮다 못해 훌륭한 부모임이 틀림없다.

기준을 세우니
단단해지기 시작했다

불안은
내장지방 같은 것

"내장지방이 조금 있어요. 운동을 꾸준히 하고 식습관을 바꿀 필요가 있어요."

20대 후반에 결혼을 하고 신혼이라는 핑계로 야식을 즐겨 먹었다. 퇴근 후 배달 음식을 고르는 것이 소소한 즐거움이었다. 그런데 건강검진에서 복부비만이라는 말을 들었다. 뱃살이 약간 있긴 하지만 비만이라니! 20대에 들기엔 꽤 충격적인 결과였다. 하지만 안타깝게도 복부에 자리 잡은 내장지방은 여전히 내게 꼭 붙어있다. 빼려고 해도 끝까지 들러붙어 있다.

아이들을 낳고 극도의 불안감을 느꼈다. 제 앞가림도 못하는 주제에 아이를 덜컥 낳다니. 그것도 둘을, 거기다 쌍둥이, 더해서 다운증후군 아이까지. 걱정과 불안이 덮쳐와 빛 하나 없는 캄캄

한 터널을 맨발로 걷는 것 같았다. 더듬더듬 벽을 짚고 한 발씩 여기가 길이겠거니 하고 걷는 날들이 이어졌다.

아이를 낳고 나니 불안이 더 깊어졌다. 잘 자라고 있는 아이들을 보면서도 먼 미래를 걱정했다. 앞으로 우리 가족은 어떻게 살아야 하나 … 고작 첫돌이 된 아이들을 두고 이런 생각을 했었다. 상황이 상황이니만큼 그럴 수 있다고 나 자신을 달랬다.

하루는 24개월 된 후둥이와 산책을 하던 중이었다. 혼자서도 넘어지지도 않고 제법 잘 걷던 때였다.

"후둥아, 지금 앞에 큰 돌이 있어. 그걸 밟으면 휘청거려서 다칠지도 몰라."

순식간에 아이의 눈에 불안이 차올랐다. 걷기를 거부하며 안아 달라고 손을 뻗었다. 그냥 땅에 붙어있던 돌이 위험천만한 대상으로 탈바꿈한 순간이었다.

그때 깨달았다. 걷는 게 즐거웠던 아이에게 굳이 위험 가능성을 설명해서 불안의 폭을 넓혀버렸다는 것을. 물론 아이가 다치지 않길 바라는 의도에서 한 말이다. 하지만 일어나지도 않은 일을 아이에게 예고하는 것은 세상이 안전하지 않다고 가르치는 거나 다름없었다. 후둥이가 또래보다 안전에 예민하다는 것을 알아차리는 데도 꽤 오랜 시간이 걸렸다. 그것도 모르고 미래를 걱정으로 채우다 보니 알게 모르게 아이의 행동에 제약을 가하고 있었다.

예전에는 내가 불안이 큰 사람인 줄 미처 몰랐다. 앞서 걱정하고 쉽게 겁을 내는 타입이었는데도 스스로를 예민하다거나 불안한 사람이라고 생각해본 적이 없었다. 켜켜이 쌓아온 불안이 마치 내장지방처럼 껴있어서 함께 있는지 몰랐다. 그렇게 높은 불안을 가졌다는 것도 모르고, 그것을 다루는 방법을 터득하지도 못한 채 엄마라는 타이틀을 얻어버렸다.

불안을 다스리기 위해서는 복부비만처럼 인정하기 싫지만 불안한 사람인 것을 받아들여야 했다. 그래야 바뀔 수 있었다. 요즘은 우스갯소리로 스스로를 '프로 불안러'라고 부르는 경지까지 왔지만, 처음에는 내장지방처럼 켜켜이 쌓아온 불안을 마주하는 것이 쉽지 않았다.

내면에 쌓인 불안을 인정한 뒤 내 행동을 하나하나 쪼개서 객관화했다. 어떨 때 불안을 느끼는지 한 달 넘게 스스로의 행동과 언어를 관찰했다. 부끄러워 누구에게도 이야기한 적 없는 방법이지만 확실한 도움을 받았기에 여기에 소개한다.

- 혼자 아이들을 돌볼 때, 몰래카메라처럼 폰으로 육아하는 모습을 길게 찍어서 본다.
- 아이들에게 툭 뱉은 말을 말투와 억양까지 최대한 비슷하게 녹음해서 들어본다.
- 구겨진 미간, 한숨 등 비언어적 표현을 인지했다면, 언제 주로 사용하는지 떠올려본다.

자신의 모습을 냉정하고 객관적으로 평가하기란 결코 쉽지 않다. 하지만 아이들이 불안해하니까 간절했다. 호통치고 좋지 않은 행동을 적나라하게 보여주던 때였다. 성난 느낌을 한껏 살려 녹음을 해도 실제 아이들 앞에서 한 것보다는 덜 했을 것이다. 부끄러운 마음이 들어 솔직하게 녹음할 수도 없었다. 그리고 왜 이런 마음이 올라오는지 계속 스스로에게 질문을 던졌다.

나는 뭐가 그렇게 걱정되고 두려운 걸까?

두 아이를 어떻게 양육해야 할지 모르는 데서 오는 막연함과 불안. 안전에 대한 지나친 걱정. 또래보다 느리다는 걸 알아도 조급한 마음이 드는 선둥이. 그리고 진로가 고민인 후둥이까지.

내 안의 불안을 들여다보고 나니, 도리어 홀가분해졌다. 그제야 아이의 불안이 또렷이 보였다. 아이의 불안은 타고난 기질 탓도 있겠지만, 엄마의 언행에 깔린 불안을 흡수하고 야금야금 커졌는지도 모를 일이었다.

불안을 인정했으니 이제 제대로 다루는 법을 배울 차례였다. 그래야만 아이들의 불안도 어루만져줄 수 있을 터였다.

불안은 무조건 사라져야 할 나쁜 감정만은 아니다. 어떻게 다루느냐에 따라 적당한 긴장감이나 동기 부여가 되는 긍정적 에너지로 바꿀 수 있다. 그러기 위해서는 먼저 내 안의 불안을 피하지 말고 마주해야 한다.

선택육아 마인드셋 1

✓ 불안은 내장지방 같이 착 붙어서 알아채기 어렵다.

✓ 타인을 보듯 '나'를 관찰하자. 언제 불안을 느끼는지 알아야 한다.

✓ 불안을 잘 다루자. 고기의 마블링처럼 일상 속에 적당히 섞여 있는 게 좋다.

완벽을 꿈꾸는
육각형 육아는 없다

예전에 〈프린세스 메이커〉라는 게임이 유행했었다. 육아를 하면서 이 게임 생각이 많이 났다. 딸인 여자 캐릭터를 열심히 키워 공주를 만드는 게임으로 다양한 아르바이트를 하고, 그 돈으로 사교육을 하는 시스템으로 일주일씩 능력치가 상승했다. 캐릭터가 성인이 되면 직업을 가지는데 공주가 아닌 다른 직업 엔딩이 나오기도 했다. 농사일을 많이 시키면 농부가 되고, 공부를 많이 시키면 교육자가 되는 식이었다.

캐릭터 능력치는 '체력·지력·기력·자존심·도덕성·기품·성품·센스·매력·무술·신뢰도'로 나뉘어 있었는데 각각의 능력을 고르게 올려야 공주가 되는 엔딩을 볼 수 있었다. 재미있던 것은 '스트레스 지수'였는데 일주일 동안 휴식을 넣지 않고 키우면 캐릭터의 표정과 자세가 삐딱해졌다. 심지어 악마가 된 새드 엔딩이 나오기도 했다.

요즘 젊은 세대들은 '완벽한' 사람을 뜻하는 말로 '육각형'이라는 수식어를 쓴다고 한다. 처음 이 말을 들었을 때 완벽의 기준이 되는 여섯 가지 요소가 무엇인지 궁금했다. 찾아보니 '외모·성격·학력·집안·직업·자산'이 완벽하게 고루 분포된 인간을 뜻한단다. 이건 뭐 다시 태어나지 않으면 안 되는 수준이다. 육각형 인간이 될 수 없다는 좌절마저 놀이화한다는 기사를 읽으니 기가 막히고 코가 막혔지만, 한때 완벽한 부모를 꿈꿨던 사람으로서 육아를 육각형에 대입해보면 큰 도움이 되겠다는 생각이 스쳤다.

육각형 인간의 여섯 가지 요소 중에서 쉽게 바꿀 수 없는 자산이나 주변 환경 등은 제외하고 부모로서 갖춰야 할 능력만 놓고 여섯 가지 완벽의 요소를 재정의했다. 그리고 요소마다 내가 가진 능력치도 체크해봤다.

육각형 부모의 조건

체력 · 공감능력 · 감정조절력 · 훈육 스킬 · 정보력 · 객관적 판단

'**체력**'은 육아에서 절대 빠질 수 없는 1순위 능력이다. 체력을 키우기 위해서는 아이러니하게도 부모만의 시간이 필요하다. 고로 시간을 쪼개야 하는 부수적 능력이 필수다.

⇨ 쌍둥이 엄마인 나에게 운동은 사치다. 타고난 체력도 좋지 않고, 운동도 좋아하지 않으니 내게 부족한 능력임이 확실하다. 아들 육아에서 체력의 필요성을 200퍼센트 느끼는 중이다.

'**공감능력**'이 떨어지는 사람도 많다. 하지만 연습을 통해 공감의 스펙트럼을 넓힐 수 있다. 아이의 마음을 잘 읽어주는 것은 매우 중요한 능력이기도 하다. 그러나 무분별한 공감은 도리어 해가 되므로 적절히 조절하는 것이 좋다.

⇨ 그래서 어렵다. 어른인 내가 떼쓰는 아이의 마음을 이해하지 못하는 날이 더 많다. 공감능력이 없지는 않지만, 언제 어떻게 표현해야 하는지 헷갈린다. '그렇구나', '그랬구나'만 남발하기도 한다.

'**감정조절력**'은 아이들을 감정적으로 대하지 않는 것과 관련한 핵심 능력이다. 잠든 아이를 토닥이며 후회했던 순간이 한 번이라도 있다면 모두 공감할 것이다. 화가 나는 상황에서 평정심을 유지하는 것만큼 어려운 게 없다.

⇨ 기분에 따라 이랬다저랬다 하는 것이 나쁜 줄 다 안다. 알면서도 안 되는 게 감정 조절이다. '기분이 태도가 되지 않게'라는 말을 자주 중얼거리지만, 턱없이 부족한 능력이다.

'훈육 스킬'은 아이를 향한 말과 행동에 화를 담고 있지 않은지 살피는 셀프 점검까지를 포함한다. 훈육해야 할 때와 아닐 때를 구별할 줄도 알아야 한다. 훈육이 필요한 시점과 태도, 강도나 말투까지 고려해야 하는 까다로운 능력이다.

⇨ 보통 우리 세대는 부모님에게서 '훈육=혼내는 것'이라고 배운 것 같다. 잘 타이르는 것만으로는 잘못을 고치기 어려울 거 같고, 화를 내는 게 잦은 것도 사실이다. 나 역시 '야!!!' 하고 샤우팅을 지르는 날이 훨씬 많다.

'정보력'은 내 아이에게 맞는 것, 잘못된 것을 제대로 아는 능력이다. 교육을 비롯해 양육하는 모든 순간에 정보력이 필요하다. 게다가 탁월한 선택을 하는 현명함도 갖춰야 한다.

⇨ 매일 정보가 쏟아진다. 이것도 했다가 저것도 했다가 갈피를 못 잡는 일이 많아진다. 게다가 그 정보들의 진위조차 알기 힘드니 무작정 수용했다가는 오히려 독이 된다. 정보가 많다고 다 해결되는 문제가 아니라서 쉽지 않다.

'**객관적 판단**'은 아이의 의도를 부모의 시선으로 곡해하지 않고 냉정하게 살필 수 있는 능력이다. 내 아이를 객관적으로 바라보는 눈이 있어야 하므로 거의 불가능에 가까울 만큼 어렵다.

⇨ 아이가 책을 마구 찢을 때, 그 발달 단계에 보이는 특징이어도 찢는 행동은 문제가 있다는 생각이 먼저 든다. 자신의 경험과 기준 안에서 아이를 판단하기 때문이다. 내 아이를 객관적으로 판단한다는 것이 애초에 성립될 수 없는 이야기가 아닐까 싶다. 요즘은 '메타인지'라는 말로 쓰이기도 한다.

다 적고 나니 허탈해졌다. 한 가지 능력도 탁월한 구석이 없는 부모인가 싶어 회의감마저 들었다. 그러나 한편으로는 여섯 가지 능력을 다 갖춘 부모가 있을까 하는 의구심도 들었다. 보다시피 숫자로 판단하지 않는, 부모에게 필요한 능력 위주로 뽑았는데도 육각형 부모가 되기 위한 여섯 가지 능력 하나하나가 쉽지 않다.

육각형 부모의 능력을 상상해보았으나 원래 육아는 육각형이기가 어렵다. 육아에는 '부모'만 있는 것이 아니라 '아이'가 함께 있기 때문이다. 아무리 완벽하게 한다고 해도 아이가 마음대로 따라주지 않는 것이 육아다. 아이가 잘 따르는 완벽한 육아? 상상만으로도 불가능해 보인다. 마음대로 되지 않는 게 자식이라 하지 않았나. 부모 말을 잘 따르던 아이도 어느 순간 거부하고 제가 하고 싶은 대로 행동한다. 자아가 생길 때 단골로 나오는 '아니야!', '미워!', '싫어!'와 같은 부정적 표현마저 그저 육아인 것이다.

한때 완벽한 육아를 꿈꾼 적이 있다고 고백했다. 완벽을 추구했던 이유는 불안에서 비롯했다. 그래서 엄마로서 나 자신을 갈아 넣었다. 할 수 있는 에너지의 양을 고려하지 않고 지나치게 애썼다.

자고로 우리 어릴 적부터 '엄마'라는 존재는 그래 왔기 때문이다. 헌신적이고, 가족을 위해 참고, 오직 엄마로만 살아야 한다는 시대적 분위기에 갇혀 있었다. 하지만 지금은 다르다. 엄마도 '나'를 돌보며 행복할 권리가 있다. 게임 〈프린세스 메이커〉 속에 나오는 '휴식시간 갖기' 모드가 부모에게도 꼭 필요하다.

체력이 떨어지고 피곤해서 감정 조절이 잘 안 되면 훈육을 빙자한 화풀이를 할 때가 있다. 하지만 바로 잘못된 방법임을 알고 '다신 그러지 말아야지!'라고 마음먹는다. 목소리를 높여 소리 지른 것에 대해서는 진심으로 아이에게 사과하고, 다음번엔 숨 한 번 고른 뒤 상처 주지 않고 잘 가르쳐주겠다고 다짐한다.

이렇게 실수를 인정하고 잘못을 고치기 위해 애쓰는 것이 육아에서 완벽을 대신하는 '괜찮은' 부모의 모습이 아닐까 싶다. 육아는 더 나은 부모가 되기 위해 노력하는 과정이다. 그러니 고민하고 흔들리는 것이 당연하다.

선택육아 마인드셋 2

✓ 육각형 부모는 애초에 존재하지 않는다.

✓ 육아에 '완벽'은 없다. '괜찮은'으로 바꾸자.

✓ 더 나은 부모가 되기 위해 노력하는 과정 자체가 육아다.

선택육아의 기본은
심플함

요리를 잘 못한다. 내 생각에 요리를 잘하는 사람은 다양한 맛을 낼 줄 알고, 식감과 색깔의 조화까지 생각하는 사람이다. 요리 중간에 설거지나 싱크대 정리까지 완벽하게 끝내는 사람도 요리를 잘하는 사람이다(우리 남편이 그렇다). 그런 사람은 필연적으로 불을 잘 다루고, 칼질도 잘하고, 재료를 보는 눈도 좋다.

내겐 없는 능력이다. 그래서 기능에 집중한 요리를 한다. 아이 입에 쏙 들어가는 크기로 자른다거나 무조건 강불에서 약불로 순차적으로 화력을 조절한다. 맛이 있건 없건 요리의 개똥철학은 존재하는 셈이다.

요리를 못하고 시간도 없다 보니 밀키트를 선호한다. 미리 손

질된 재료와 소스 등이 들어있어 냄비에 때려 놓고 끓이기만 하면 끝이다. 요즘은 워낙 잘 나와서 끓이기만 해도 제법 괜찮은 음식이 완성된다. 하나부터 열까지 직접 요리한 것보다 색이 예쁘지 않고 재료의 신선도나 양이 부족할 순 있지만, 대체로 맛있게 먹을 수 있다.

그런 나에게 쌍둥이 육아는 한 번에 두 가지 메인 요리를 해야 하는 난도였다. 요리 왕초보가 두 가지 음식을 동시에 조리하려니 정신없는 상황이 계속됐다. 게다가 쌍둥이들은 달라도 너무 달랐다. 키, 얼굴, 식성, 취향… 뭐 하나 맞는 게 없었다. 각자에게 필요한 것들을 다양하게 해주면 좋겠지만 물리적인 시간과 비용에 한계가 있었다.

제대로 된 근사한 요리처럼 키울 순 없겠다 싶었다. 너무 많은 정보와 가이드 속에서 어떻게 중심을 잡아야 할지도 몰랐다. 육아에 대한 기준을 세우지 않으면 줏대 없는 부모가 되는 건 시간문제였다.

요리를 잘하는 사람도, 밀키트 음식을 해 먹는 사람도 모두 재료를 넣어 끓이고 볶고 지지는 과정을 거친다. '조리'를 한다는 것은 변하지 않는 원칙인 셈이다. 그 과정에서 불의 세기를 지켜보며 타지 않게 관심을 두는 것도 결국 똑같다.

아이 키우는 일을 요리에 빗대어보면 현재 나의 육아는 밀키트와 같다. 세상에는 맛을 내는 다양한 방법이 있지만, 최소한의 과정으로 끓이기만 하는 초간단 조리법 같은 육아를 하고 있는 셈이다. 그래도 괜찮다. 아이들은 제대로 된 요리만큼 기대 이상으로 훌륭하게 자라고 있으니까.

처음 밀키트를 개발할 때 그러하듯 괜찮은 맛을 내는 육아를 위해서는 일정 기간 연구와 투자가 필요하다. 내 아이에게 맞는 방법을 찾기 위한 시행착오도 필요하다. 계속 발전시킨 육아 레시피는 다양한 상황에서 디테일하게 적용되겠지만, 방법 자체는 끓이기만 하면 되는 밀키트처럼 심플해진다.

선택육아 마인드셋 3

✓ 당신만의 밀키트 육아법을 만들 수 있다.

✓ 밀키트 육아법 개발 단계에서의 연구와 투자는 불가피하다.

✓ 육아가 최소한의 조리법으로 맛을 내는 밀키트처럼 심플해진다.

쪼개고 쪼개야
쉬운 선택

"다운증후군 아이들은 발달이 느려서…."

선둥이가 태어나고 몇 달 뒤에 다운증후군 판정을 받았다. 발달이 느리다는 말에 조급해져서 쌍둥이를 재우고 밤마다 인터넷에서 온갖 정보를 찾아 헤맸다. 부모로서 육아 방향을 잡는 것이 무엇보다 중요해 보였다. 보통의 육아와 조금 다른 방향을 찾을 필요가 있었다.

아이는 절로 해내는 것이 거의 없었다. 누워서 손 하나 들어 올리는 것도 근육이 필요했다. 누운 채로 발을 잡고 노는 게 그렇게 어려운 일인지 미처 알지 못했다. 비장애 아이인 후둥이가 하루아침에 하는 것들을 선둥이는 1~2개월씩 걸려서 해냈다.

쌍둥이들을 위해 우리 부부가 할 수 있는 일을 고민하다가 가장 먼저 쪼개기 기술을 써보기로 했다. 효과가 있을지 없을지는 몰라도 일단 할 수 있는 것은 다 해봐야 했다.

첫 번째 쪼개기 기술은 말 그대로 모든 행동의 과정을 쪼개고 또 쪼개는 것이다. 사실 '밥을 먹는다'라는 행동 안에는 어마어마하게 많은 과정이 들어가 있다. 이 과정을 "밥 먹자!"라는 한 문장으로만 이야기하지 않고, 하나하나 다 분리하여 설명한다.

"밥 먹자! 의자에 앉자. 엥, 여긴 아무것도 없네? 식판이 어디 갔을까? 숟가락은 어디 있지? 포크는 어디로 숨었나? 짜잔! 여기 있네! 식판이 왔어요. 여기는 밥, 여기는 국. 숟가락을 잡아요. 숟가락을 들어요. 밥을 떠요. 숟가락을 입으로 가져가요. 입을 벌려서 앙~ 먹는다! 냠냠, 쩝쩝, 후루룩. 맛있다. 이거는 감자! 저거는 당근!"

밥을 먹기 위해 의자에 앉히는 것부터 시작이다. 아무것도 없는 식탁을 두고 '있다/없다'의 개념을 알려준다. '없다' 상태에서 식판을 올려 '있다' 상태를 보여준 뒤 식판과 숟가락, 포크를 짚어가며 이름을 말한다. 밥을 먹기 위해 숟가락을 들고 음식을 떠서 입에 넣는 것까지 모든 동작을 쪼개서 이야기한다.

아이에게 언어 자극을 주기에 식사 시간만큼 좋은 때가 없다. 어떻게 말을 걸어야 할지 모르겠다는 엄마들에게도 밥 먹을 때를 권한다. 식탁에 있는 물건, 식판의 재료만 읊어줘도 충분하다. 아이가 하는 행동을 읽기만 해도 된다. 하루 두 번 이상, 매일 반복하는 말들을 아이는 쉽게 자신의 언어로 만든다.

쌍둥이들도 그랬다. 특히 언어발달이 느린 선둥이의 경우 밥, 물, 김치, 우유 등 식탁 위의 것들이 자연스럽게 발화로 이어졌다. '먹어', '줘' 같은 말은 더 잘하기도 했다.

두 번째 쪼개기 기술은 언젠가 해낼 거라는 먼 목표는 물론이고, 지금 당장 눈앞에 있는 작은 목표도 쪼개는 것이다. 첫 번째 기술인 모든 행동을 쪼개서 말하는 것을 연습하다 보면 목표를 쪼개는 일은 그다지 어렵지 않다.

언젠가 선둥이의 목표 중 하나가 '계단 오르내리기'였던 적이 있다. 당시 걷는 게 미숙해서 시도조차 거부할 때였다. 무턱대고 시도하면 아이의 거부가 심해질 것이 뻔했다. 그래서 '계단 겁내지 않기'를 가장 낮은 목표로 잡았다. '계단에 발 올리기'는 더 나중 문제였다.

마침 시부모님이 시골 이층집에 사셨다. 그 집에 갈 때마다 이

층으로 올라가는 계단에 앉아 놀았다. 계단이 어떻게 생겼는지 알게 해주려고 그랬다. 발을 한 계단 아래로 내려 앉을 수도 있고 등을 기댈 수도 있는 구조라는 것을 몸으로 느끼도록 말이다. 그리고 엉덩이로 계단을 내려오는 모습을 보여주었다. 다행히 이 방법이 통했는지 계단에 대한 거부는 없어졌다. 다음번에는 '난간 잡고 앉아서 내려오기'에 도전했다. 걷는 것에 어느 정도 능숙해진 뒤로는 '난간이나 엄마 손을 잡고 계단 오르기'로 한 단계씩 목표를 높였다.

목표를 쪼개는 이유는 아이에게 성공할 기회를 더 많이 주기 위해서다. 처음부터 높고 어려운 목표를 세우면 성공하기 어렵지만, 낮고 쉬운 목표로 쪼개서 제공하면 최종 목표에 도달하기 더 쉽다. 이렇게 작은 성공 경험이 쌓이다 보면 자신감과 스스로 해낼 수 있다는 자기효능감이 커진다.

세 번째는 쪼개기 기술은 '잠깐 앵무새'가 되는 것이다. 선둥이의 언어발달을 고민하다 정한 원칙이다. 언어 자극을 줄 때 이왕이면 아이에게 가장 익숙한 목소리가 좋을 거라는 생각에 아이가 하는 일련의 과정을 하나하나 모조리 생중계했다. 목소리가 비는 시간이 없을 정도로 퍼부었다.

넘치는 의욕에 쉴 새 없이 떠들다 보니 성대 결절이 왔다. 이런 무식한 방법으로는 오래가긴 힘들었다. 목소리가 안 나오니 선택을 해야만 했다. 결국 반복되는 상황과 특정 시간에만 앵무새가 되기로 결심했다.

기저귀를 갈아주는 동안 아이에게 계속 말을 걸었다. 말귀를 알아듣지 못하는 신생아 때부터 기저귀 사이즈가 커지고, 누워있던 아이가 서서 기저귀를 갈 때까지도 앵무새처럼 했던 말을 하고 또 했다.

"선둥아~ 기저귀 갈자. 누워볼까? 누웠다. 바지 내렸다! 쉬한 기저귀는 빼자. 엉덩이 듭니다! 우와~ 보송보송하다. 새 기저귀네? 자, 이제 왼발 쏘옥! 다음은 오른발 쏘옥! 올라갑니다! 엉덩이 다시 들어주세요! 쑤우우우욱! 와, 다 입었다!"

기저귀 갈이는 아이가 자라면 더는 필요 없는 과정이지만, 어릴 때는 꽤 빈도 높은 일과에 속한다. 스킨십을 하며 교감을 나누기 좋은 시간이기도 하다. 그 시간을 이용해 아이와 눈을 마주치며 계속 말을 걸었다. 특히 왼발, 오른발처럼 헷갈리고 오래 걸리는 개념은 선둥이가 일곱 살이 된 지금까지도 여전히 반복해주고 있다.

모든 과정을 쪼개면 육아의 막막함에서 조금이나마 벗어날 수 있다. 언젠가 해낼 거라는 믿음이 생긴다. 아이를 부추기거나 닦달하지 않을 여유도 생긴다. 아이가 한 단계씩 밟아가며 성공의 기쁨을 누리듯이 육아도 그러하다.

계단을 처음 올랐던 때처럼 한 단계씩 밟고 올라오고 있다고 생각하자. 이미 당신의 머릿속에는 좋은 부모가 가져야 할 육아 철학이 있다. 그것을 잘 활용할 수 있도록 정리가 필요할 뿐이다.

선택육아 마인드셋 4

✓ 아이가 하는 모든 행동을 쪼개서 생각한다.

✓ 멀고 높은 목표와 가깝고 낮은 목표를 정한다.

✓ 특정 시간과 상황에서만 최선을 다해도 충분하다.

마음에는
저울질이 필요하다

무한 떼쓰기와 '싫어!', '안 해!', '아니야!' 3단 콤보를 쏘아대던 시기에는 모든 걸 다 내려놓고 싶었다. 육아의 선택지에 포기는 들어가 있지도 않은데 말이다.

점점 육아가 어려웠다. 육아 번아웃이 올 것만 같았다. 그래서 가끔 남편에게 아이들을 맡기고 혼자만의 시간을 보냈다. 그렇게 재충전을 하고 집으로 돌아오면 아이들은 더 큰 짜증으로 엄마를 반겨주었다. 기다렸다는 듯이 화를 쏟아내는 아이들을 달래고 있자면 몇 시간도 안 돼서 다시 스트레스가 쌓이는 기분이었다. 엄마가 보고 싶었던 마음이 이해가 되다가도 '이렇게까지 해서 자유시간을 가져야 하나?'라는 생각이 들 정도였다. 마음의 갈피를 못 잡고 이리저리 흔들릴 때 오래된 습관이 하나 떠올랐다.

어릴 적부터 결정하기 어려운 일이 있으면 마음속 거울을 하나 꺼내 종이에 그렸다. 이해되지 않는 사람이나 상황을 만날 때도 마음속으로 저울질을 했다.

저울은 단순하다. 결정을 돕기 위한 두 가지 선택지를 양쪽에 각각 올린다. 이해가 안 가는 사람을 '계속 만난다 vs 그만 만난다'라는 두 가지 선택지를 두고 까만 점으로 마음이 기우는 쪽을 표시한다. 그렇게 선택한 이유도 간단히 적는다.

이 방법은 두 가지 선택지 중에 한 가지를 고르고, 다른 한쪽을 버리는 방식이 아니다. 더 기울어진 마음 쪽으로 무게추를 옮기는 것뿐이다. 따라서 시간이 지나 같은 저울을 다시 꺼내 들었을 때 지금의 마음과 다를 수 있다.

저울질에서 가장 중요한 부분은 '이유'와 함께 '계획'을 적는 것이다. 내 마음이 어느 쪽으로 기울었는지 확인한 뒤 '지금 당장 할 수 있는 것'을 쓰고, 실제로 해보는 것이다.

마음 저울을 떠올린 뒤로 결정을 내리기 어려운 순간마다 많은 도움을 받았다. 저울에 올리기 위해서는 선택지를 두 개로 추려야 하기에 복잡해 보이는 문제도 한결 단순화시킬 수 있었다. 더불어 딱 한 가지로 규정짓지 않아도 되는 '~편으로 보내기'가 가능했다.

후둥이의 등원거부 때도 마음 저울의 효과를 톡톡히 봤다.

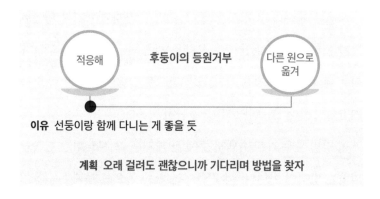

저울질은 두 가지 선택지 가운데 내 마음의 행방을 시각화하는 방법이다. 사실 결정을 돕는 모든 질문에는 질문자의 답변이 내포되어 있을 확률이 높다. 맘카페에 자주 올라오는 "저 이거 사요? 말아요?"라는 질문을 가만 보면 글쓴이의 진짜 마음이 녹아 있다. 그래서 그런가 "이미 사고 싶으신 것 같은데요?"라는 댓글이 달리기도 한다.

　마음 저울이 유용한 이유는 아이를 키우는 순간순간마다 중요한 결정을 내려야 할 때가 많기 때문이다. 기관을 보낼 때, 훈육의 기준을 생각할 때, 잘하는 것과 못하는 것 중에 무엇을 밀어줘야 할지 고민될 때 등 한두 가지가 아니다. 현명한 결정을 내리기 위해서는 마음이 향하는 곳이 어딘지 아는 것이 중요하다.

　책을 깨끗하게 보았으면 하는 나의 바람과 달리 선둥이는 시시때때로 책을 찢었다. 찌익 소리가 나면 뛰어가 말리거나 책을 뺏기에 바빴다. 하고 싶은 것을 못 하게 하니 억울한지 아이는 펑펑 울었다. 그런데 치료센터 선생님은 찢는 행위를 말려서는 안 된다고 했다. 아이가 잘 발달하고 있다는 증거이고 지나가는 과정이라 했다.

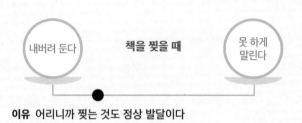

이유 어리니까 찢는 것도 정상 발달이다

계획 책 대신 색종이를 주자

　마음 저울질 후에 찢는 행동을 허용하되 책 대신 색종이를 이용해보기로 했다. 먼저 색종이를 찢는 것을 보여주고, 따라 해보라고 손에 색종이를 쥐여주었다. 책 대신 색종이를 찢는 재미를 느끼도록 말이다.

　때때로 저울질은 부정적 의미로 쓰이기도 한다. 하지만 결정을 돕기 위한 마음의 시각화 도구로는 이만한 것이 없다. 저울추인 까만 점은 딱 떨어지게 단정 짓지 않고 한쪽으로 기울어져 '~한 편'이라고 판단의 여지를 주는 장치로써 중요하다. 그래야 다음번 저울질에서 결과가 바뀔 수 있다는 열린 선택이 가능하다.

　아이를 어떻게 바라보고 있는지 알아볼 때도 마음 저울을 활용하면 좋다.

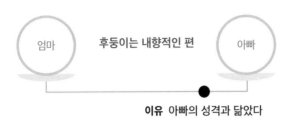

엄마　후둥이는 내향적인 편　아빠

이유 아빠의 성격과 닮았다

계획 아빠가 어릴 적 이야기를 들려주며 공감해준다

보다시피 저울 위에 누구를 올리느냐에 따라 아이를 바라보는 시선도 달라진다. 쌍둥이들 아빠는 나보다 훨씬 내향적이다. 부끄러움을 많이 타고 사람들 앞에 나서는 것을 어려워한다. 하지만 해야 할 때는 근사하게 해낸다. 반대로 나는 주목받고 싶어 하는 편이다. 그래서 후둥이의 내향적인 면이 이해되지 않을 때도 있다. 그럴 때면 남편은 자신의 이야기를 들려주며 후둥이 편을 들곤 한다.

성인이 되고서 어릴 적에 어땠는지를 잘 기억하지 못할 수 있다. 기억한다 해도 지금 아이의 모습과 비슷하다고 인정하지 않을 수도 있다. 누구나 자신의 부정적인 면이나 약한 모습을 인정하기 어려워하기 때문이다.

그렇지만 쿨하게 자신의 그늘진 부분도 인정해야 아이를 도울 수 있다. "당신 닮아서 그런 거잖아!"라며 남 탓으로 돌리기 위해 저울질을 하는 게 아니다. 아이의 마음을 더 잘 읽어줄 수 있는 사람을 찾기 위해서다.

이런 방식으로 저울을 만들어 부부끼리 이야기를 나누면 육아 기준을 정하는 데 큰 도움이 된다. 무엇을 저울에 올릴지, 각자의 마음이 어느 편에 가까운지 대화를 통해 정할 수 있기 때문이다. 아울러 아이의 성장에서 무엇을 가장 중요하게 생각하는지 서로를 알아가는 수단이 되기도 한다.

마음 저울은 결국 선택의 갈림길에서 마음이 어느 쪽으로 더 기울었는지 확인하는 방법이라 할 수 있다. 전혀 어렵지 않다. 차근차근 저울질을 하다 보면 자연스럽게 당신만의 육아 기준을 세우는 길로 접어들게 될 것이다.

선택육아 마인드셋 5

✓ 마음 저울을 잘 활용한다.
✓ 저울에 올릴 두 가지 선택지를 고르고, 마음의 무게추를 옮긴다.
✓ 선택의 이유와 당장 할 수 있는 일들을 적는다.

아이를 향한
프레임을 바꾸다

"후둥이는 너무 까다롭고 예민한 아이야."

어린이집 적응에도 오래 걸렸고 새로운 것을 시도할 때 들이는 시간도 굉장히 길었다. 잠들고 두 시간까지는 괜찮았지만, 그 이후로는 작은 소리에도 잠에서 깨기 일쑤였다. 흥미가 있을 때와 없을 때가 명확해서 하나에 꽂히면 집요하게 파고들었다. 한번은 돌 던지기에 꽂히더니, 작은 개울가에 있는 돌이 씨가 마를 정도로 던져댄 일도 있었다.

앞으로 벌어질 상황에 대한 예측이 빨랐고, 불안하거나 안전하지 않다고 느낄 땐 모든 것을 다 멈춰버리는 편이었다. 예기불안이 높아서라는 게 전문가의 의견이었다. 안전하다고 입이 닳도록 말해도 스스로 받아들여지지 않으면 끝까지 버티는 아이였다.

그래서 사람들이 "후둥이는 어때?"라고 물을 때면 예민하다는 말을 자주 했다. 첫 아이였고, 주변에 비교할 만한 아이도 없어서 후둥이의 기질을 정확히 파악할 수 없었다. 굳이 어릴 적 기억을 끄집어내어 나를 닮아서 그렇다는 프레임을 꺼내 들었다. 그래야 아이의 마음을 조금이나마 이해할 수 있을 것 같았다.

후둥이의 예민함이 버겁게 느껴지던 때 몇몇 엄마들과 친분이 생겼다. 아이의 예민한 기질이 걱정이라고 고민을 털어놓자 수혁이 엄마는 수혁이가 후둥이보다 더하다, 예전엔 너무 민감하게 반응해서 힘들었다는 말로 나를 위로해주었다. 그 말을 듣고 깜짝 놀랐다. 수혁이가 예민한 아이인 줄 전혀 몰랐기 때문이다. 그 전까지 수혁이 엄마는 '아이가 예민하다'라는 말을 꺼낸 적이 한 번도 없었다.

언젠가 아이가 듣고 있는 데서 "후둥이 귀가 예민해요."라고 말한 적이 있다. 이후로 후둥이는 만나는 사람마다 "제 귀는 예민해요."라고 말하고 다녔다. 그제야 왜 수혁이 엄마가 아이를 규정하거나 판단하는 말을 아꼈는지 깨달았다. 나의 말이 후둥이의 예민성을 더 키운 것만 같아 속이 쓰렸다.

이유 둘 다 소리에 민감하게 반응하고 겁이 많다

계획 앞으로 예민한 편이라고 생각만 하기

    후둥이와 수혁이를 저울에 올려놓고 '후둥이는 예민한 편'이라고 생각을 바꾸었다. 느린지 빠른지, 잘하고 못하고를 재단하기 위한 비교가 아니었다. 프레임에서 벗어나기 위한 건강한 저울질이었다. '예민한 편'의 좋은 점은 아이를 하나의 프레임에 가두지 않는다는 것이다. 즉 아이를 '예민하다'라고 단정 지어 이야기하지 않는다.

    보통 '예민하다'는 부정적인 의미로 더 많이 쓰인다. 최근에야 눈치가 빠르고 상황에 잘 적응하기 위해서 특화된 능력이라고 관점이 변화하는 분위기이긴 하지만, 여전히 까탈스러운 성격으로 인식되는 게 사실이다. 사람들이 어떻게 인식하는지를 떠나 아이가 뜻도 모른 채 스스로에 대한 선입견을 품게 하고 싶지 않았다.

그래서 '예민하다'라는 프레임을 '예민한 편'으로 옮기기로 했다. 이렇게 결정하고 나서는 '후둥이는 예민한 편이야.'라고 생각을 고쳤다.

후둥이는 자라면서 예민했던 부분들이 눈에 띄게 줄었다. 새로운 공간에 대한 적응도 빨라졌다. 학원도 단번에 적응했고, 큰 소리가 날 때는 그곳을 재빨리 피하거나 귀를 막는 등 스스로 해결책을 찾기도 했다. 현재 후둥이의 예민함은 '~한 편'으로 보내지 않아도 될 정도로 사라졌다. 아이가 성장하면서 아이에게 씌워졌던 프레임이 사라지기도 한다. 그러니 모든 가능성을 열어두고 지켜봐야 한다.

사실 후둥이보다 더한 프레임을 가지고 있었던 것은 선둥이였다. 다운증후군 아이에 대한 여러 선입견이 있었다. 부모인 나마저 선둥이는 뭐든지 느리고, 수행을 잘 못하고, 인지가 제대로 발달하지 않을 거라고 생각했다. 후둥이와 늘 붙어있으니 더 그럴 수밖에 없었다.

하지만 지금 선둥이는 양말 신는 법을 먼저 배운 후둥이보다 양말을 더 잘 신는다. 양말의 뒤꿈치가 발뒤꿈치로 한 번에 오게 신고, 제대로 신겨지지 않았을 땐 꼬집는 손가락으로 요리조리 움

직여 발끝을 편하게 만든다. 배울 때 시간이 좀 걸려서 그렇지 한 번 할 때 제대로 해내는 것은 오히려 장애가 있는 선둥이 쪽이다.

장애로 인해 제대로 해내지 못할 것이라는 프레임이 실수였다는 걸 선둥이 덕에 알았다. 물론 느리다는 절대적 사실은 변하지 않는다. 하지만 이제 선둥이를 보면 '뭐든 제대로 하려는 편'이라는 생각이 우선한다. 이렇게 부모가 부정적 프레임을 재정의하면 아이의 긍정적인 면들이 눈에 띄기 시작한다.

'선둥이는 느리다'는 프레임

부정적	오래 반복하고 계속 알려줘야 한다.
긍정적	제대로 배워서 제대로 한다.
	천천히 컸으면 좋겠다는 말대로 사랑스럽다.

'후둥이는 예민하다'는 프레임

부정적	귀가 민감해서 큰 소리가 나는 것을 힘들어 한다.
긍정적	예민하지 않은 구석이 훨씬 많다.
	예민한 청각으로 소리를 잘 구분한다.
	스스로 큰 소리에 대처하는 방법을 깨우쳤다.

부모가 씌우고 있는 부정적인 프레임에 칼질을 해보자. 그 프레임을 쪼개어 긍정적인 면과 부정적인 면으로 나누고, 긍정적인 면을 두 가지 이상 떠올려보자. 그래야 긍정적인 부분이 더 깊게 각인된다. 이 과정을 통해 무의식적으로 아이에게 가졌던 편견이 긍정적인 생각으로 치환된다.

선택육아 마인드셋 6

✓ 아이를 하나의 프레임으로 단정 짓지 말자.
✓ 아이에 대한 부정적 프레임을 깨자.
✓ 프레임을 쪼개 긍정적인 면을 찾아 자세히 적어보자.

선택육아에선
자책보다는 주책

　　　　　　　온 세상이 나를 중심으로 돌아간다고 믿었던 때가 있었다. 유년기 때 이유는 잘 모르지만 세상에 일어나는 모든 나쁜 일이 나 때문에 벌어지는 것 같았다. 입에 달고 살았던 말이 '미안해'였다. 친구들과 조금만 다투어도 다 내 잘못이라고 생각했다.

　자존감이 낮은 아이였다. 어린 나이에 이혼하신 부모님. 그로 인해 경제활동을 해야 했던 어머니와 멀리 떨어져 지내야 했던 시간들. 그 모든 일이 나 때문에 벌어진 것 같았다.

　이런 생각은 성인이 되어서도 인간관계에 큰 영향을 끼쳤다. 어떤 관계든지 항상 내가 먼저 굽히고 들어갔다. 아직 부족하니까 그래도 괜찮다고 나 자신을 달랬다. 그렇게 가진 패를 보여주었을 때 늘 좋은 사람만 있었던 것은 아니었다. 어딘가 모르게 수를 읽혀버리고 낭패를 보기도 했다.

육아를 하면서도 사람은 크게 바뀌지 않았다. 정말 미안해할 상황이 아니었는데도 '미안해'라는 말을 습관처럼 꺼냈다. 아이가 음식이 커서 먹기 힘들어할 때도 "엄마가 크게 썰어줘서 미안해.", 아이가 스스로 하다 안 되어 떼를 쓸 때도 "미안해. 엄마가 어려운 걸 줬네. 도와줄게."라며 사과하기 바빴다.

이렇게 한 해 두 해 지나고 나니 아이는 엄마에게 모든 걸 해달라고 졸랐다. 말을 할 수 있게 된 이후로 제 뜻대로 안 될 때면 쉽게 엄마 탓을 하곤 했다.

"다 엄마가 미리 안 해서 그렇잖아!"

아이는 미안해하는 부모를 통해 쉽게 남 탓을 하는 법을 배웠다. 더불어 스스로 해볼 기회마저 빼앗겼다. '이건 내가 할 일이 아니라, 엄마 아빠가 해주는 거'라는 개념이 생겨버린 것이다.

어느 날 남편이 내게 그만 미안해하라고 말했다. 그동안 의식한 적이 없어서 '미안해'라는 말을 그렇게 많이 하는지조차 몰랐기 때문에 적지 않게 놀랐다. 그 뒤로 미안이라는 단어가 입 밖으로 나오려고 할 때마다 물을 마시듯 꿀꺽 삼켰다. 비집고 올라오는 말을 꿀꺽 삼키기를 몇 달째, 드디어 미안이라는 단어를 참을 수 있게 되었다. 하지만 근본적인 생각까지 바뀌지 않으니 행동은 좀처럼 고쳐지지 않았다. '미안해'라는 말만 참을 뿐, 결국 아이의 요구를 다 들어주고 있었던 것이다.

나도 모르게 아이의 문제행동을 키우고 있었다. 스스로 하려고 하지 않는 태도, 남 탓하는 마음은 엄마가 깔아준 판에서 덩치를 키웠다. 스멀스멀 죄책감이 밀려왔지만, 아무리 노력해도 근본적인 생각을 바꾸기가 쉽지 않았다.

대책이 필요했다. '자책하는 생각 회로'를 바꾸는 것은 다시 태어나지 않는 한 불가능하게 느껴졌다. 그렇다면 방향을 틀어 '미안'이라는 감정을 다른 이미지로 바꿔보기로 했다. 되던 안 되던 일단 해보자는 마음이었다.

그래서 미안함, 죄책감 같은 감정이 올라올 때마다 자책을 주책으로 인식하게끔 생각 회로를 바꾸었다. 자신의 요구가 관철되지 않아 떼를 쓰는 아이에게 '미안해'라고 말하고 싶은 순간 '내가 또 주책이네.'라는 생각을 의도적으로 머릿속에 떠올리는 것이다. 자책과 주책. 발음이 비슷해서 생각을 치환하기 쉬웠다.

애초에 덜 미안해하고 자책하지 않으려면 긴 시간 꾸준한 노력이 필요하다. 그 노력을 줄일 수 있도록 간단하면서 효과가 확실한, 자책을 주책으로 생각을 전환하는 스킬을 소개한 것이다.

'이 주책바가지 아줌마! 빰바밤~'

요즘은 자책과 미안함이 올라올 때마다 주책 가득한 내적 댄스를 춘다. 웃음으로 신체적·정신적 고통과 스트레스를 줄이는 웃음 치료법처럼 우스꽝스러운 행동과 생각으로 자책 같은 무거운 감정을 가볍게 털어내는 것이다.

'난 왜 이렇게 자책을 할까? → 난 왜 이렇게 주책을 떨까?'

훨씬 가볍고 좋지 않은가.

육아에서 가장 해로운 것은 자신을 책망하는 것이다. 부모인 당신에게도 아이에게도 득될 게 전혀 없다. 자책한다고 나아질 게 없는데 책망하여 무얼 할까. 지난 일로 생긴 후회는 잘 보내주고 앞으로 다가올 날들을 위해 자책을 조금씩 털어내자.

선택육아 마인드셋 7

✓ 자책은 육아에 아무런 도움이 되지 않는다.

✓ 자책을 주책으로 생각 회로를 바꿔보자.

✓ 주책스러운 행동으로 자책을 털어내자.

흔들리는 촛불도
어둠을 밝힌다

내가 불안을 잘 느끼는 아이였다는 사실을 육아를 하면서 깨달았다. 어릴 때 우연히 TV에서 가스폭발 뉴스를 보고 몇 년 동안 가스밸브를 직접 잠가야 안심이 됐다. 계단을 내려가면서도 혹시 굴러 떨어지진 않을까 걱정했던 적도 많았다.

걱정이 많아 뭔가를 결정할 때는 더욱 어렵다. 미룰 수 있을 때까지 결정을 미룬 채 A를 선택했을 때 일어날 수 있는 최악의 그림을 머릿속에 그린다. B를 선택했을 때 오는 최악의 시나리오도 써본다. 하루에도 수십 번 A와 B 사이를 오간다. 어쩔 수 없이 마음을 정해야 할 때는 오래 숙성된 생각으로 선택한다. 그래도 불안은 쉬이 잠재워지지 않는다. 불안한 엄마라서 그런지 다른 부모들은 어떤 모습으로 아이를 키우고 있는지 무척 궁금했다.

모임에서 만난 한 엄마는 허언증이 있다고 고백했다. '다시는 화내지 않을게'라고 해놓고 돌아서면 아이에게 화를 내는 자기 모습을 빗대어 말한 것이다. '건강하게만 잘 자라다오'라고 하지만, 다른 부모들의 교육열에 갈대처럼 흔들리고 종이처럼 팔랑대는 그런 엄마라고 말이다.

그 엄마의 고백이 멋져 보였다. 자신이 쉽게 흔들리는 미성숙한 부모라는 것을 인정한다는 뜻이니까. 자기 직시와 자책은 다르다. 스스로 못난 구석을 받아들이는 어른이라니. 참으로 멋지지 않은가.

반대로 이런 부모도 있었다. 딱히 소신이나 육아관이랄 게 없는 부모였는데 육아에 대해 깊이 생각하지 않고 되는대로 한다고 했다. 한마디로 비장하지 않았다. 지나친 걱정 없이 건강하게 아이를 키우는 듯했다. 치열하게 고민하지 않고 육아를 해도 괜찮아 보였다.

아이를 키우는 일은 자신을 태워 빛을 내는 촛불과 같다. 촛불은 미약해 보이지만 어두운 방을 밝히기에는 충분하다. 부모가 바람에 흔들리는 촛불처럼 이리저리 흔들려도 빛을 내뿜는 것은 틀림없다.

모든 걸 계획하는 꼼꼼한 부모도, 그저 물이 흘러가듯이 아이를 키우는 부모도, 어제 다르고 오늘 다른 마음을 가진 부모도 똑같이 육아를 하고 있다. 저마다 방법은 달라도 한 아이를 성장시키는 위대한 일을 하고 있는 것이다. 당신이 어떤 모습의 부모라도 말이다.

자신을 어두운 방에 있는 촛불이라고 상상해보자. 바람에 흔들리는 촛불이라도 어둠을 밝히는 굉장한 일을 하고 있다는 사실을 잊지 말길.

선택육아 마인드셋 8

✓ 같은 육아라도 마음가짐은 부모마다 다르다.
✓ 잘 흔들리는 부모라는 사실을 인정해도 괜찮다.
✓ 흔들리는 부모도 육아라는 위대한 일을 하고 있다.

부모 마음 들여다보기

1. 부모의 불안 알아보기

나는 아이의 어떤 행동/모습일 때 불안하가요?

"아이가 _____할 때/일 때 불안하다."

· 언제 불안한지 모르겠다면 하루를 돌이켜봐요.

· 아이에게 소리를 질렀거나 못 하게 했던 일을 떠올려요.

· 왜 불안한지 이유를 알면 적어봐요.

· 정확한 이유를 모르더라도 불안 요인이 뭔지 아는 게 중요해요.

· 훈육을 해야 하는 상황인지 아닌지 판단해요.

2. 아이에 대한 프레임 알아보기

나는 내 아이를 어떻게 생각하고 있을까요?

" _____(이)는 _____(하)다"

부정적인 면	
긍정적인 면	

· '내 아이는 어떠하다'라는 생각을 적어요.

· 부정적인 아이의 모습을 한 개 적어요.

· 긍정적인 아이의 모습을 두 개 이상 적어요.

· 부모 입장에서 '아이가 이렇다'라고 생각하는 내용을 적어도

  돼요.

Chapter 03

선택육아 설계 3단계
관찰하기 - 기준 세우기 - 실천하기

고여 있는 마음 살피기

아이의 기질 물줄기

어릴 때 학교가 굉장히 낯설었던 기억이 있다. 새로운 학년으로 올라갈 때도 늘 알지 못할 불안감을 느끼고는 했다. 그래서 후둥이의 예민한 구석이 나를 빼닮았다고 생각했다.

그런데 어느 날 남편이 후둥이가 등원을 거부하는 모습을 보며 자기 어릴 적이 생각난다고 했다. 자기도 선생님께 꾸지람을 들은 다음 날에는 학교에 가기 싫다고 떼를 썼단다. 몇몇 뚜렷하게 떠오르는 기억을 이야기하며 자신에게도 예민한 구석이 있다는 것을 인정했다. 남편은 자기가 예민하다는 사실을 전혀 몰랐다. 누굴 닮아 저러느냐던 남편도 이제는 예민성을 물려준 것을 인정하고 있다. 결과적으로 후둥이는 엄마 아빠를 닮아 새로운 것에 적응하기 힘든 예민한 기질을 타고났을 가능성이 컸다.

누구나 저마다 타고나는 기질이 있다. 낯을 많이 가리는 아이가 있는 반면에 전혀 그렇지 않은 아이도 있다. 또 새로운 것에 적응하는 것이 쉬운 아이도, 쉽지 않은 아이도 있다. 하나의 기질을 양분화해서 결정할 수는 없지만, 아이가 어느 편에 가까운지는 찾을 수 있다. 특히 부모를 보면 더 쉽게 판단할 수 있다. 아빠와 엄마라는 두 갈래의 물줄기에서 아이의 기질에 대한 힌트를 얻는 것이다.

주변에 다원이라는 무척 활달한 아이가 있다. 그런데 다원이 엄마는 '파워 I'에 가까운 내향형이다. 오가며 하는 이웃의 인사도 데면데면 받는 편이다. 너무 부끄럽단다. 그래서 자기 아이지만 다원이가 도통 이해되지 않는다고 했다.

"온 세상 사람들이 다 친구인 줄 알아. 길 가는 사람한테도 아무 때나 인사를 한다니까."

그런 엄마와 달리 아빠는 다원이를 십분 이해했다. 자신감 넘쳤던 자신의 과거를 이야기하며 다원이 엄마를 이해시켜줬단다. 낯을 전혀 가리지 않는 다원이는 아무래도 외향형인 자기를 닮은 것 같다는 설명이었다. 그 뒤로 아이가 일곱 살이 되고 더 왈가닥 같은 모습을 보여도 '리더십 강한 아빠와 비슷하게 성장하겠구나'라고 생각하며 아이의 기질을 조금씩 받아들이게 됐단다.

아이의 기질과 성향을 자연스럽게 받아들이기 위해선 부모한테서 오는 '기질 물줄기'를 잘 살펴야 한다. 아이의 기질이 어디에서 기인했는지 멀리서 찾을 필요가 없다. 억지로 이해하려 노력할 필요도 없다. 아이를 키우면서 이미 뼈저리게 느끼고 있지 않은가. 아이가 누굴 닮았는지를.

중요한 것은 부모가 자신의 어릴 적 모습을, 달갑지 않은 면모를 쿨하게 인정하는 것이다. 자신의 부족함이나 약점을 인정한다는 것은 아이의 기질과 성향을 있는 그대로 인정한다는 뜻이기도 하다. 한편 부모의 물줄기를 따라 아이의 성향을 '~한 편이다'로 생각하고 있었는데, 또래 아이들과 견주어 보고 그 판단을 바꾸게 되는 일도 있다.

쌍둥이들은 밥을 주는 대로 잘 먹는 편이었지만, 양이 많다고는 생각하지 않았다. 남편은 어릴 때부터 밥을 잘 안 먹기로 유명했단다. 음식을 씹어 삼키지 않고 입에만 물고 돌아다녀서 시부모님이 걱정을 많이 했다고 들었다. 나는 달랐다. 식욕도 있고 식탐도 있어서 포동포동하게 평생을 살았다. 어릴 적에 누가 더 잘 먹었나 하고 서로의 식사량을 비교해 보니 아무래도 쌍둥이들은 남편을 닮아 먹는 양이 적은 것 같았다.

하루는 어린이집 같은 반 친구들과 함께 밥을 먹게 되었는데, 모두가 쌍둥이의 압도적인 식사량을 보고 깜짝 놀라며 신기해했다. 어쩜 밥을 이리 잘 먹느냐며 비법을 알려달라 난리였다. 그때 알았다. 우리 애들이 잘 먹는 편에 속한다는 것을. 원래 다들 그 정도는 먹는 줄 알았다. 그러고 보니 여태껏 쌍둥이들이 먹는 거로 애먹인 적이 없었다는 사실을 깨달았다. 주면 주는 대로 먹고 크게 가리는 음식도 없었다. 어렸을 때 바닥에 떨어진 것도 주워 먹던 나와 똑 닮았다.

남편과 나는 밥을 남기면 꾸지람을 듣던 어린 시절의 영향으로 밥양의 기준이 높았다. 고봉밥을 주면서도 더 먹으라고 재촉한 적도 있었다. 아빠를 닮아 적게 먹는 편이라고 착각했던 탓이다. 이제는 절대 밥양을 강요하지 않는다. 잘 먹는 엄마를 닮았음에도 높은 기준 때문에 제대로 보지 못한 것을 반성했다. 그동안 아이들에게 밥 먹는 시간은 스트레스였을지도 모른다. 많이 먹었는데도 더 먹으라는 부모의 요구가 있었으니까.

어디까지나 부모의 기질 물줄기는 참고용이다. 그때그때 상황이나 기준에 따라 판단이 바뀔 수 있다. 부모한테서 물려받은 기질과 성향이라도 상대적일 수 있다는 점을 기억해두자. 그래야 언제든 육아의 방향을 수정할 기회가 생긴다.

주변 환경이나 상황

"어머님, 후둥이가 보조 선생님으로 불려요. 그만큼 원에서 잘 지내요."

어렵게 어린이집에 적응한 아이가 이런 말을 듣다니. 감격하다 못해 사실인가 싶어 실감이 안 날 정도였다. 선생님 말씀으로는 후둥이가 길을 건널 때 안전을 잘 지키도록 친구들을 유도하고, 물건을 정리할 때도 친구들을 독려해 같이 치우게 한단다.

그 이야기를 듣는데 기분이 묘했다. 선둥이에게 하는 행동이 투사되었기 때문이었다. 쌍둥이지만 첫째 역할을 할 수밖에 없는 후둥이는 누군가를 돌보는 것이 자연스러웠다. 그런 처지다 보니 아이가 잘한다는 소리에 마냥 좋아할 수가 없었다.

우리 집은 쌍둥이지만 특수한 상황을 고려해 형, 동생의 호칭이나 역할을 나누어 키우지 않기로 했다. 사실 선둥이가 1분 먼저 태어난 형이다. 하지만 상대적으로 발달이 빠른 후둥이가 형 노릇을 해야 하는 상황에서 최대한 선둥이를 돌봐야 한다는 책임감이나 압박을 주지 않으려 애쓰고 있다. 그래서 간단하게 다음과 같은 규칙을 정했다.

우리 집 쌍둥이들 규칙

- 형, 동생이라는 호칭 대신 서로의 이름을 부른다.
- 후둥이에게 형 역할을 강요하지 않는다.
- 가족 구성원으로서 할 수 있는 선에서 선둥이를 돕는다.
- 항상 선둥이의 의사를 잘 확인한다.

그러던 어느 날 방에서 후둥이의 고함이 들렸다.

"야! 선둥! 그렇게 하지 말라고 했지! 왜 말을 안 들어! 어?"

후다닥 방에 가보니 후둥이는 화를 내고 있고, 선둥이는 집이 떠나갈 듯 큰 소리로 울고 있었다. 알고 보니 선둥이가 문을 열었다 닫았다 놀던 중에 지나가던 후둥이가 문에 부딪힌 것이었다.

반응이 느린 선둥이가 타이밍을 잘못 맞춰 일어난 사고였다.

화를 주체하지 못해 소리 지르는 후둥이를 보고 깜짝 놀랐다. 극심한 육아 스트레스에 시달렸던 시기에 아이들에게 소리를 질렀던 내 모습 그대로였다. 악독하게 들리는 말투마저 나를 쏙 빼닮아 있었다.

"후둥아, 선둥이한테 그렇게 말하지 마."

윽박지르는 후둥이에게 그러지 말라고 말했지만, 더 강하게 훈육하지는 못했다. 가르칠 일이 아니라 부모가 바뀌어야 한다는 사실을 알고 있었기 때문이다. 후둥이의 말투가 상당히 불편했던 까닭도 마치 거울을 보는 듯한 불쾌함에서 비롯한 것이었다.

인지발달이 느린 선둥이는 장난기가 많고 특유의 고집스러움이 있다. 해맑은 성격이지만, 하고 싶은 건 끝까지 해야 직성이 풀린다. 집요한 성격 탓에 해도 되는 것과 하지 말아야 할 것을 구분하는 데 꽤 오랜 시간이 걸리는 편이다. 그래서 선둥이에게는 "하지 마!"라고 단호하게 말해야 하는 순간이 자주 온다.

화가 나지 않은 상태에서는 온화하고 부드럽게, 그렇지만 단호하고 명확하게 이야기할 수 있다. 그러나 피곤이 쌓이고 감정이 격해지면 그것만큼 어려운 것이 없다. 욱하고 치미는 분노에 내

지르는 날 선 말투를 선둥이는 물론 후둥이까지 그대로 흡수하고 있었다.

쌍둥이들은 큰 소리를 내기보다 단호한 어투에 부드러움을 첨가해야 더 말을 잘 듣는 편이다. 아이들의 성향상 목소리를 높일수록 안으로 파고드는 타입이라 더 조심스러웠다. 그래서 샤우팅을 지르지 않게 스스로 스트레스 관리에 신경 쓰면서 동시에 말투에도 변화를 줬다. 화가 날 때면 의식적으로 밝은 '솔' 톤의 목소리를 섞어 말했다. 처음에는 어색하고 우스꽝스럽게 들려서 헛웃음이 났지만, 변화된 부모의 언행을 아이가 직접 느끼길 바랐기에 노력했다.

"선둥아 ↗ 그만 ↗ 문으로 장난하면 손 다쳐 ↗"

짧고 굵게, 문을 딱 잡고 아이와 눈을 마주치며 말했다. 표정은 단호했지만, 목소리는 높았고 말끝은 쭉 이어지듯 말했다. 선둥이는 엄마의 낯선 말투에 행동을 정지했다. 그리고 가만히 표정을 살폈다. 그러나 헷갈리는 것인지 선을 넘어보려는 것인지 다시 문고리를 잡았다. 다시 한번 같은 어투로 반복하자 눈치를 보던 선둥이는 하지 말라는 뜻인 걸 알아채고는 입을 삐쭉이더니 저만치 뛰어가 보란 듯이 엉엉 소리를 내며 울었다.

단호하지만 부드럽게, 솔 톤에 말끝이 무섭게 내려오지 않도록 카스텔라나 푸딩 같은 말랑한 물건들을 떠올리며 말했다. 쌍둥이도 나도 어색했지만, 딱 2주만 투자해보자고 스스로를 독려했다.

놀랍게도 한 주가 지나자 선둥이는 금지의 뉘앙스를 조금씩 수용하기 시작했다. 반복 효과와 함께 시너지가 난 것이다. 후둥이의 변화는 더 놀라웠다. 엄마를 거울삼아 부드러운 말투를 자연스럽게 습득했다.

"선둥아 ⤴ 문으로 장난치면 위험해 ⤴ 다친다고 ⤴"

후둥이의 말투가 눈에 띄게 달라졌다. 엄마의 노력이 통했다는 증거이기도 했다.

물론 선둥이는 고집스러운 기질대로 바로 멈추지는 않는다. 그래도 우는 대신에 살짝 짜증만 내는 정도다. 후둥이도 화를 참지만은 않는다. 한 번 말해서 들어주는 선둥이가 아니니 "왜! 너는 내 말을 안 들어줘!"라고 소리치기도 한다. 그래도 나아진 것은 확실했다.

이런 이야기를 속속들이 풀어놓는 이유는 단기적인 이벤트가 아니라, 어떤 식으로 형제 관계를 형성하고 갈등을 풀어나갈 것인지 정하는 계기가 되었기 때문이다. 우리 집에서 후둥이는 형

노릇을 한다기보다 조금 느린 선둥이를 격려하고 돕는 형제의 역할을 할 뿐이다.

가정마다 조금씩 다른 부모와 자녀, 형제 사이의 얽히고설킨 관계성을 살펴야 어떤 마인드로 육아할 것인지 감이 잡힌다. 보편적인 가정이라면 아이의 기질에 따라 관계성을 헤아려보는 것이 좋다. 혼자 하는 걸 무서워해 동생처럼 구는 형이 있을 수 있고, 형제의 행동을 하나하나 지적하며 형처럼 구는 동생이 있을 수도 있다. 즉 일반적인 형제의 모습이 아니라 각자의 성향과 기질을 고려하여 형제 관계를 살펴볼 필요가 있다. 우리 집 쌍둥이들만 봐도 다방면으로 도와줘야 한다고 생각하는 다운증후군 아이인 선둥이가 더 독립적이고 자립심이 강하다.

한 부모 가정의 경우 한쪽 부모의 역할이 부재했을 때 아이들이 보이는 행동과 태도가 있다. 지인의 일곱 살 난 아들에게선 아버지의 역할을 대신하려는 모습도 보았다. 이처럼 가정마다 다른 환경과 상황을 고려하여 아이들을 바라봐야 한다.

당장 환경과 상황을 바꾸기는 쉽지 않다. 그러나 적어도 지금 어떤 환경과 상황에 있는지 알고 아이를 바라보면 아이의 마음을 읽는 데 큰 도움이 된다.

예상되는 사건과 원인

기관에 다니는 아이는 선생님과 친구들의 영향을 많이 받는다. 영아 때는 친구의 행동을 모방하는 일이 많고, 유아 때는 친구의 말투를 똑같이 따라 하는 일이 흔하다. 집에서 보여준 적 없는 애니메이션의 주제가를 부른다거나 거기에 등장하는 캐릭터를 줄줄 이야기하는 일도 있다.

친한 친구 딸인 라희도 그랬다. 어느 날부터인가 라희는 팔을 좌우로 흔들며 혀가 짧은 어눌한 발음으로 소리를 질러댔다. 처음 보는 딸의 모습에 깜짝 놀란 엄마는 왜 그런지 이유를 물었지만, 같은 행동만 반복할 뿐 속 시원한 대답을 들을 수 없었다. 걱정되는 마음에 이런저런 검사도 받아봤지만, 특별한 문제는 없다고 나왔다. 결국 친구는 라희를 호되게 나무랬다.

라희는 펄쩍펄쩍 뛰며 말했다.

"친구들은 다 하는데 왜 나는 못 하게 해!"

알고 보니 라희가 했던 행동이 어린이집에서 일종의 놀이로 통하고 있었다. 몇몇 친구들도 집에서 같은 행동을 보였단다. 같은 반 친구가 두려울 때 나오는 반응이라는데, 그걸 한두 명이 따라

하기 시작히면서 유행처럼 번진 것이었다.

아이에게 심한 스트레스나 문제가 있는 것은 아니어서 안도했지만, 라희 엄마에게는 또 다른 고민이 생겼다. 친구를 놀리는 것 같아서 마음이 불편하다고 했다. 더불어 소리를 지르는 것은 다른 사람들에게 피해를 주는 행동이므로 하지 말라고 타이르는데, 라희는 다들 하는데 왜 자기만 못 하게 하냐며 억울해한다는 것이다. 또래 사이에서 지나가는 놀이로도 느껴져 어떻게 가르쳐야 할지 잘 모르겠다고 고민을 털어놓았다. 문제행동의 정확한 원인을 알았기에 지난 경험을 토대로 이렇게 조언해주었다.

1. 라희 자체는 문제가 없고, 그냥 놀이였다. (부모의 안심)
2. 라희의 놀이는 누군가를 다치게 할 수 있다. (실수 인정)
3. 친구들이 불편해할 수 있고, 행동을 따라 하는 걸 괴롭힌다고 생각할 수 있다. (하지 말아야 하는 이유)
4. 꼭 해야 한다면 집에서만 한다. (욕구 쪼개기)
⇨ 친구들이 다 한다고 해서 꼭 해야 하는 건 아니다. 잘못된 것을 알려주고, 하지 않게 가르쳐야 한다. 왜? 나중에 커서도 지금과 같은 행동을 할 수 있기 때문에.

팔을 흔들면 가까이 있는 사람이 맞을 수도 있고, 소리를 지르면 주변 사람들이 불편해할 수도 있다. 알아듣고 이해할 수 있는 나이면 장소와 때를 가려 행동하도록 가르치는 것이 옳다.

아이가 전에 하지 않던 행동을 할 때는 원인을 파악하는 것이 무엇보다 중요하다. 먼저 아이 내부를 살피고, 외부로 넓혀 정확한 원인을 찾아본다. 행동에 대한 변화는 작은 것부터 시작하면 된다.

긴 거부 끝에 어린이집에 잘 다니던 후둥이가 가지 않겠다고 떼쓰는 일이 또 벌어졌다. 신발장을 붙잡고 가기 싫다고 울먹이는 아이에게 왜 그러냐고 물어봤지만, 정확한 이유를 알 수 없었다. 후둥이는 어린이집 생활을 자세히 말하는 편이 아니었다.

그러던 어느 날 같은 반 친구인 제은이 엄마에게서 연락이 왔다. 제은이가 이야기하길 한 친구가 잘못된 행동을 했는데 선생님께 크게 혼났다고 했다. 그 무렵 아이들은 없는 말도 지어내기도 하는 터라 확인이 필요했다. 잠들기 전 후둥이에게 슬며시 물었다.

"요즘 성민이가 많이 혼나?"

"응."

"그럼 후둥이도 혼났어?"

"응. 근데 나는 잘해."

"잘하는 데 왜 혼나?"

"성민이가 혼나. 그렇게 하면 안 된다고 선생님이 무섭게 말했어."

"그래서 마음이 어땠어?"

"무서웠어."

다음 날 담임선생님께 조심스럽게 후둥이가 어떤지 여쭤봤다. 혹시 잘못한 게 있어 꾸지람을 들었는지도 모를 일이었다. 선생님은 깜짝 놀라시며 절대 아니라고 하셨다. 후둥이는 보조 교사처럼 친구들을 챙기고 선생님도 잘 돕는다고 하셨다. 다만 한 친구의 행동이 거칠어 강하게 제지할 때가 있다고 솔직하게 말씀하셨다. 그럴 때마다 후둥이가 바짝 얼어있었다는 말도 이어졌다.

다른 아이가 혼이 나도 '나랑 상관없어'가 안 되는 어린 나이였다. 마치 자신이 혼난 것 같은 기분을 느꼈나 보다. 그제야 후둥이가 등원을 거부한 이유를 알았다.

아이들은 어린이집이나 유치원에서 또래와 어울리며 첫 사회생활을 경험한다. 어떤 사건이 일어났는지, 그 원인이 무엇인지 대략이나마 알 수 있으면 아이의 행동을 이해하는 데 도움이 된다.

부모는 아이가 달라진 점을 직감적으로 느낀다. 아이가 전에 하지 않던 행동이나 말투를 보인다면, 주변 상황을 차분하게 살피고 원인을 유추해보자. 분명한 원인을 알아야 아이의 달라진 행동을 이해할 수 있고, 제대로 된 방법도 찾을 수 있다.

아이의 최근 행동과 말 습관

"후둥아, 말로 해야 알지. 그렇게 앵앵대며 말하니까 무슨 말인지 전혀 모르겠어. 똑바로 말해."

후둥이는 말문이 일찍 트인 편이었다. 발음과 표현력이 능수능란하여 언어발달이 빠르다는 말을 자주 들었다. 그런데 갑자기 아기 같은 소리를 내기 시작했다. 앵앵~ 징징징~ 짜증 섞인 옹알이 같은 소리가 매우 거슬렸다. 온몸으로 짜증을 내는 일도 잦아졌다. 며칠 동안 이런 말들도 쏟아냈다.

"나 다시 키 작아지고 싶어요. 다시 아기가 되고 싶어요."

"선둥이는 왜 늦게 커요? 왜 빨리 안 커요?"

아이의 미음에 무슨 일이 벌어지고 있는지 짐작은 됐다. 동생이 있으면 퇴화하기도 한다니, 그런 시기가 잠깐 왔구나 싶었다. 하지만 그 무렵 과할 정도로 심한 떼와 짜증을 부렸다. 사랑이 고픈가보다 싶어 열심히 애정 표현을 했지만, 쉬이 나아지질 않았다. 정확한 원인을 알기 어려웠다. 쌍둥이들은 태어날 때부터 함께였고, 이렇다 할 결정적인 사건이 있었던 것도 아니었다.

우리 집에는 AI 스피커가 있는데 이 녀석이 우리 집 배경음악을 담당해오고 있다. 한동안 선둥이의 최애곡은 〈신호등〉이었다. 그 노래 대신 다른 음악이 나오면 신경질을 내며 징징거렸다. 말로 할 수 없으니 그렇게라도 자기 의사를 표현하는 것이었다. 선둥이의 거부 신호를 읽고 "선둥아, 신호등 틀어줘?"라고 물으면 아이는 짜증을 멈추고 "에(네)."라고 대답하곤 했다.

그날도 AI 스피커에 음악을 신청했다. 음성인식에 오류가 난 건지 〈신호등〉이 아닌 다른 노래가 흘러나왔다. 아니나 다를까 선둥이가 온몸을 비틀며 짜증을 부리기 시작했다. 〈신호등〉을 틀어달라고 요구하는 몸짓인 줄 알았지만 모르는 척했다. 불현듯 머릿속을 스쳐 지나간 생각 때문이었다.

최근에 후둥이가 자꾸 아기 소리를 내고 징징대며 말했던 이유를 알 것만 같았다. 내 생각이 맞는지 확인이 필요했다.

"선둥아, 짜증만 내고 앵앵거리니까 무슨 말인지 잘 모르겠어. 뭐 하고 싶다고? 말로 해야 알 것 같아. 한 글자라도 말해볼래?"

후둥이가 신경질을 부리며 징징댔을 때 우리 부부가 했던 멘트 그대로였다. 언어발달이 느린 선둥이에게는 해본 적 없는 말이었다. 후둥이한테 했던 것처럼 억양까지 똑같이 말했다.

곁에 있던 후둥이의 눈빛이 반짝거렸다. 식판을 휘휘 저으며 먹는 둥 마는 둥 그 상황을 지켜보고 있었다.

"후둥아, 선둥이가 뭐라고 하는 것 같아? 혹시 알겠어?"

"아니, 하나도 모르겠어."

후둥이는 미소를 짓고 있었다. '그래, 바로 이거지!' 하는 표정이었다.

육아 예민성이 큰 편이라 선둥이가 말 대신 짜증을 부려도 눈치껏 뭘 원하는지 알아채고 바로바로 충족시켜주었다. 그런 엄마를 보는 후둥이의 마음은 어땠을까. 말도 제대로 안 하는 선둥이의 마음은 척척 읽어주면서 자기한테는 똑바로 말하라고 하니 어린 마음에 억울했을 거란 생각이 들었다.

온갖 짜증을 부린 뒤 조금 진정된 선둥이에게 원하는 게 뭔지 모르겠다고 다시 이야기하자 후둥이가 작은 목소리로 말했다.

"선둥이가 신호등 노래를 듣고 싶은 거 같아요."

며칠 사이에 스쳐 지나간 아이의 말들이 둥글둥글 뭉쳐져 뒤통수로 '통!' 하고 떨어지는 것 같았다. 후둥이의 흡족한 표정이 모든 것을 말해주고 있었다.

나도 모르게 그동안 두 아이에게 각자 다른 기준을 두고 반응해왔다는 것을 깨달았다. 어쩌면 선둥이의 욕구를 빠른 눈치로 해결해준 것이 오히려 언어발달에 방해가 됐을 지도 모를 일이었다. 이 사건으로 같은 태도로 아이들을 대해야 한다는 것을 뼈저리게 느꼈다.

아이의 반응과 비언어적 표현

선둥이는 말이 느려 자기 의사를 100퍼센트 표현하기 어렵다. 그래서 아이가 하는 작은 몸짓이나 표정을 더 잘 파악해야만 했다. 선둥이에 대해 공부하면서 배운 것은 아이들은 말보다 행동이 앞선다는 점이다. 특히 어린 아이들일수록, 남자아이라면 더욱 그렇다.

조금 자란 아이들은 말로 자신을 숨길 때가 있다. 괜히 센 척 한다거나 근거 없는 자신감으로 부모의 눈을 속인다. 그러나 비언어적인 신호와 행동은 성인도 감추기 힘든 부분이므로 관찰만 잘하면 쉽게 힌트를 찾을 수 있다.

아이의 마음은 행동이나 말처럼 표면적으로 드러나는 부분도 있지만, 아주 사소한 것을 통해서만 엿볼 수 있는 경우도 있다. 아이가 보여주는 반응이나 비언어적 표현들을 놓치지 않고, 그 속에 담긴 의미를 제대로 파악하려면, 비교군이 되는 아이의 '평소 모습'을 잘 알고 있어야 한다. 그래야 현재의 모습과 저울질하기도 쉽다.

먼저 부모가 무언가를 지시했을 때 아이의 반응을 기준으로 둔다. 평소에 부모의 말을 순순히 잘 따르는 아이는 그것이 기준이다. 무슨 말을 해도 듣는 둥 마는 둥이라면 그 모습이 기준인 셈이다. 또 자립심이 강해 부모의 지시에 따르기보다 뭐든 스스로 하고 싶어한다면 그 모습이 기준이 될 수 있다.

단, 아이가 졸리거나 배가 고픈 상태는 아닌지 주의깊게 살펴볼 필요가 있다. 가장 기본적인 욕구가 충족되지 않으면 짜증과 거부, 회피 등 부정적인 반응이 나올 수밖에 없기 때문이다. 기본 욕구가 모두 충족되었다는 조건 아래서 아이의 일관된 반응을 체크하는 것이 중요하다.

아이의 '평소 모습'은 부모의 지시에 잦은 빈도로 나타나는 동일한 반응을 말한다. 흔히 하는 말로 '원래 그래'인 상태다. 평소와 다른 모습을 파악하기 위한 기준이 된다.

다음으로 '평소 모습'을 기준으로 달라진 것이 무엇인지 살펴본다. 후둥이는 엄마의 사랑을 덜 받았다고 생각할 때, 바닥에 놓인 물건을 있는 대로 발로 차고 다닌다. 은연중에 공격적인 행동들이 잦아진다. 이렇게 평소 잘 볼 수 없던 모습이나 과잉 행동하는 것을 주의 깊게 살펴보면 아이의 마음이 읽힌다.

해가 바뀌면 여섯 살이 되는 쌍둥이들이 진급을 앞두고 있을 때였다.

"후둥아, 형님 반 가는 거 어때?"

아이의 표정이 일순간 바짝 굳었다. 눈을 피하더니 대답도 피했다. 다시 물었더니 후둥이는 화를 내며 묻지 말라고 소리쳤다.

지난밤에는 하나도 안 무섭다며 센 척을 하더니 본심은 두려운 것이었다.

새로운 환경에 적응하는 데 꽤 어려움을 겪는 아이라는 것을 알고 있기에 긴장하고 있었다. 아니나 다를까 12월이 되자 후둥이는 등원을 거부하기 시작했다. 1, 2월에는 없던 틱이 생기기까지 했다. 바지 속으로 자꾸 손을 넣는 행동도 보였다. 불안했던 것이다. 후둥이는 자기 의지와 별개로 이런 행동을 하는지조차 모르고 있었다.

이때 들었던 전문가의 처방은 아이를 많이 안아주고 사랑을 표현해주라는 것이었다. 걱정을 덜어주기 위해 형님 반에 대해 아무리 좋은 이야기를 해봤자 직접 경험하지 않으면 사라지지 않을 틱이라고 했다. 언급을 줄이고 기다려야만 했다. 틱이 오래 지속될까 봐 겁이 났지만 꾹 참았다. 그래도 이렇게나마 표출해주는 것이 다행이었다.

선둥이는 말을 잘 하지 않으니 진급에 대해 어떤 마음인지 알 길이 없었다. 신발장에서 어기적거리거나 어린이집 앞에 도착해서도 차에서 내리지 않은 무언의 시위를 보고 '선둥이도 형님 반에 올라가는 게 무섭나?' 하고 얼추 짐작할 뿐이었다. 아이가 잘 알아듣는지 아닌지도 모르지만, 그럼에도 걱정과 불안을 헤아리는 말을 계속해주면서 선둥이를 안심시켰다.

시간이 지나면서 신기하게도 선둥이는 눈에 띄게 달라졌다. 어린이집 앞에서 버티다가도 "괜찮아. 형님 반 가는 거 무섭지? 다 알고 있어. 너무 걱정하지 마. 잘 될 거야."라는 말에 무겁던 발걸음을 한 발짝씩 움직였다. 부모만이 느낄 수 있는 수준의 시그널이었다. 아이를 지속적으로 관찰하고 불안한 마음을 다독이는 말을 계속 들려주자 선둥이는 차츰 등원에 대해 긍정적인 반응을 보였다. 나중엔 "어린이집 가자~"라고 즐거운 말투로 이야기하면 알아서 엉덩이를 떼고 벌떡 일어나 신발장으로 먼저 달려가기도 했다.

쌍둥이들은 새로운 반으로 올라가는 것에 대한 불안을 똑같이 느끼고 있었다. 하지만 솔루션은 달랐다. 후둥이는 진급에 대해 일절 언급하지 않는 방향, 선둥이는 충분히 설명해줘야 하는 방향으로 같은 불안이라도 다루는 방법이 달랐다. 두 아이의 비언어적 표현과 반응을 유심히 관찰하여 각자에게 맞는 방법을 찾아낸 것이다.

아이가 좋아하는 것과 싫어하는 것

"후둥이 심리검사 받아봤어? 저렇게 부수고 망가뜨리는 거 괜찮대? 뭔가 문제 있는 거 아니야?"

집에 놀러 온 친구가 후둥이가 노는 모습을 보더니 이렇게 물었다. 자동차로 이곳저곳 부딪혀 사고내는 것을 보고 마음의 어려움이 있는 게 아닌지 걱정하는 눈치였다.

후둥이는 자동차를 좋아한다. 굴러가는 바퀴가 좋아서, 스포츠카가 빨라서. 자동차를 좋아하는 이유는 조금씩 바뀌지만, 어렸을 때부터 자동차 장난감을 가지고 노는 것을 가장 좋아했다. 특히 자동차끼리 사고를 내고, 부서지고 망가지는 놀이를 즐긴다.

친구의 말을 듣기 전까지 교통사고나 폐차장 놀이를 좋아하는 아이가 이상하다고 생각해본 적이 없었다. 그러나 그날은 유독 아이의 놀이가 잘못된 것이 아닐까 하는 생각이 들었다.

걱정되는 마음에 발달센터를 찾아가 조언을 구했다. 다행히 아이에게 큰 문제는 없었다. 요즘은 사고를 주제로 노는 아이들이 많다고 하셨다. 일종의 이벤트를 만드는 거란다. 아이들이 좋아하는 콘텐츠 중에는 히어로물이 많은데, 히어로가 등장하려면 사건 사고가 일어나야 해서 그렇다는 설명이었다. 그 무렵 후둥이가 푹 빠져 있었던 콘텐츠도 위험할 때마다 출동하는 자동차가 나오는 영상이었다.

아이일 때는 안 그러다가 이상하게 어른이 되면서 사고는 무조건 나쁜 것, 위험한 것이라는 생각을 하게 된다. 그러나 이런 생각은 아이들을 이해하는 데 도움이 되지 않는다. 사고 놀이를 좋아하는 아이에게 사고는 더 재미나게 놀기 위한 한 가지 방법일 뿐이다. 아이들의 놀이는 정형화되어 있지 않고 변화무쌍하다.

별다른 문제가 없다는 것을 확인하고 사고 놀이를 좋아하는 후둥이를 위해 종이 상자를 잘라 긴 도로를 만들어주었다. 블록을 종류대로 꺼내와 한 마을의 사고 현장을 연출해주기도 했다. 요즘 후둥이는 내리막길을 만들어 방지턱을 붙이고 사고를 내는 놀이를 즐긴다. 뒤집히는 장난감 차를 보고 중력과 마찰력의 원리를 이야기한다. 종종 사고 현장에서 많이 쓰이는 영어 문장이 튀어나올 때도 있다.

처음에는 단순히 자동차 두 대를 양손에 쥐고 쾅 부딪히는 것에 흥미를 느꼈다면, 지금은 사건 사고가 일어나는 환경을 만드는 데 열심이다. 사고나 일어나는 다양한 상황이나 조건을 이리저리 배치해보면서 공간과 시간 개념, 과학적 사고까지 키우고 있다. 게임 규칙을 스스로 만들기도 한다. 좋아하는 놀이를 확장한 것이다. 놀이 자체를 존중받은 아이는 자기가 좋아하는 것을 마음껏 파고들며 놀이를 계속해서 확장해나간다.

아이마다 좋아하는 것과 싫어하는 것이 분명하게 나뉜다. 남녀를 나누는 것을 좋아하지 않지만, 신기하게도 묘하게 선이 그어져 있다. 남자아이들은 주로 공룡, 자동차, 로봇에 빠지고, 여자아이들은 인형, 그림 그리기, 꾸미기 놀이에 진심이다. 물론 형제자매에게 영향을 받아 인형을 좋아하는 남자아이나 자동차를 좋아하는 여자아이도 있다.

무엇을 좋아하든 이맘때 아이들은 선호가 아주 분명하다. 그렇기에 아이가 무엇을 좋아하고 싫어하는지 알면 아이의 마음을 읽는 데 큰 도움이 된다. 호불호를 파악하는 일은 아이의 기질이나 현재 마음 상태를 살피는 것만큼이나 중요하다.

선둥이는 밥 먹는 걸 좋아해서 복스럽게 잘 먹는다. 그래서 선둥이를 처음 보는 사람도 밥 먹는 모습을 보면 홀딱 반한다. 먹성이 좋아 뭐든 잘 먹는 편이지만, 싫어하는 음식도 있다. 신맛이 강하거나 멸치같이 딱딱한 음식은 좋아하지 않는다. 하지만 선둥이의 언어발달을 위해서는 이런 음식이 필수다. 딱딱한 것을 자주 먹고 저작 운동을 활발하게 할수록 근육이 발달하고 발음도 좋아지기 때문이다. 다양한 맛과 식감에 대한 경험도 중요하다.

저녁을 먹을 때면 선둥이의 식성을 고려해 멸치나 싫어하는 음식을 빼고 주는 편이었지만 남편은 그렇지 않았다. 아예 식탁 위에 반찬통을 꺼내놓고, 어른이 한 번 먹을 때마다 아이들 밥 위에도 멸치를 올려놨다. 그럴 때마다 돌아오는 것은 고개를 저으며 짜증 가득한 "으으으(아니야의 운율)" 하는 선둥이의 부정적 반응이었다. 하지만 남편도 집요한 구석이 있었다.

아이가 밥을 퍼 올릴 때마다 얄미울 정도로 빠르게 멸치를 올려줬다. 어쩌다 꿀꺽 삼키기도 했지만, 뱉어내는 일이 더 많았다. 식탁 위에서 멸치 반찬을 둘러싼 줄다리기가 계속되면서 멸치를 먹는 경험치가 점점 쌓여갔다. 그러던 어느 날 선둥이 입에서 먼저 "며-치!"라는 말이 나왔다. 설마 하는 마음에 반찬통을 선둥이 쪽으로 밀어주자 멸치를 양껏 집어 먹는 것이 아닌가.

그 순간 온 가족이 환호성을 질렀다. 후둥이마저도 "엄마, 선둥이가 멸치를 먹었어!"라며 손뼉을 치고 폭풍 칭찬을 쏟아냈다. 결과적으로 싫어하는 것을 피하기만 했던 엄마의 방식보다 조금씩 노출해 적응시키는 방법이 선둥이에게 효과적이었던 것이다. 물론 멸치 말고 다른 음식으로 필요한 영양분을 채우면 될 일이긴 했다. 하지만 씹는 것이 중요하다고 생각했기에 꾸준히 시도했고, 작은 시도들이 쌓여 결국 성공해냈다.

그러니 아이가 싫어한다고 무작정 피할 것이 아니라 몇 가지 질문을 토대로 어떻게 대처할 것인지 살펴보는 것이 좋겠다.

아이가 싫어하는 것

· 아이에게 꼭 필요한 것인가?

· 싫어하는 이유는?

· 대체할 괜찮은 것이 있나?

예 1) 선둥이가 싫어하는 것 '멸치'

· 아이에게 꼭 필요한 것인가? 언어발달과 발음에 도움

· 싫어하는 이유는? 딱딱해서, 뾰족해서

· 대체할 괜찮은 것이 있나? 고구마 맛탕. 딱딱한 식감을 싫어하지만 달콤한 맛에 먹긴 한다.

⇨ 강요할 필요는 없지만, 선둥이에게 도움이 되기에 시도는
  더 해본다.

예 2) ○○(이)가 싫어하는 것 '안전벨트'

· 아이에게 꼭 필요한 것인가? 안전을 위해 무조건!

· 싫어하는 이유는? 끈이 조여서, 답답해서

· 대체할 괜찮은 것이 있나? 너무 꽉 조이지 않게 인형을 끼워주
  거나 고정핀을 조절

⇨ 안전을 위해선 하기 싫어도 무조건 해야 한다고 알려주고
  안전벨트를 한다.

예 3) ○○(이)가 싫어하는 것 '부츠'

· 아이에게 꼭 필요한 것인가? 아닌 것 같다.

· 싫어하는 이유는? 신고 벗기 불편해서, 무거워서

· 대체할 괜찮은 것이 있나? 털 달린 운동화, 가볍고 잘 벗겨지는
  하이탑

⇨ 부츠를 대신할 따뜻한 다른 신발을 찾는다.

예 4) ○○(이)가 싫어하는 것 '부츠'

· 아이에게 꼭 필요한 것인가? 신고 벗는 연습하기

· 싫어하는 이유는? 신고 벗기 불편해서, 무거워서

· 대체할 괜찮은 것이 있나? 또 사줄 돈이 없다.

⇨ 매번 원하는 걸 다 사줄 수 없으므로 부츠를 신고 벗는 연습
  을 시키거나 다른 신발을 신게 한다.

싫어하는 것이 같아도 좋아하게 만드는 방법은 저마다 다를 수
있다. 불호를 호로 바꾸는 것이 오래 걸릴 수도 있다. 아무리 시도
해도 바뀌지 않을 수도 있다. 아이에게 꼭 필요한 것이 아니라면
무리하게 권할 것이 아니라 대체할 다른 방법을 찾는 것이 좋다.

무엇을 좋아하고 싫어하는지 아는 것은 아이를 어떤 방향으로
이끌 것인지 결정하는 이정표가 될 수 있다. 잘 파악했다가 적재
적소에 써먹는 지혜를 발휘해보자.

마음 저울

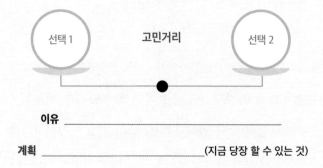

선택 1 　　　고민거리　　　 선택 2

이유 _____

계획 _____(지금 당장 할 수 있는 것)

1. 마음 저울은 이렇게 활용해요.

· 고민이 무엇인지 생각해보아요.

· 고민을 두 가지 선택지로 추려 양쪽에 각각 적어요.

· 물건/사람/행동/걱정/결정 등 뭐든 괜찮아요.

· 마음이 더 기우는 쪽으로 무게추를 보내요.

· 마음이 쏠린 이유를 간략하게 적어요.

- 계획에는 지금 당장 할 수 있는 것들을 적어요.
- 마음 저울을 그려 잘 보이는 곳에 붙여놓아요.

2. 마음 저울은 이래서 해요.

- 마음이 가는 방향을 시각화해요.
- 그림으로 시각화하면 생각 정리가 더 잘 돼요.
- 마음의 무게추는 언제든지 옮길 수 있어요.
- 이유는 못 써도 계획은 꼭 적어요.
- 당장 할 수 있는 일을 적고, 실제로 해보는 게 가장 중요해요.

3. 마음 저울은 이러지 않아요.

- 더 우월한 것을 뽑으려고 비교하는 게 아니에요.
- 더 불안해지기 위해서도 아니에요.
- 이기고 지는 결정도 아니에요.
- 거창하지 않아도 돼요.

관찰 체크리스트

1. 아이의 기질 물줄기

· 아이에게서 보이는 특정한 모습은?

· 아이의 특정 모습이 부모 중 어느 물줄기에 속하나?

· 기질을 판단하는 기준이 높거나 낮지는 않은가?

2. 주변 환경이나 상황

· 바뀌지 않는 환경이나 상황은 무엇인가?

· 형제/자매/남매/외동 가정에서 가족 관계성은 어떤가?

· 한 부모/조부모/워킹맘/워킹대디 등 가정마다 다른 환경과 상황

　을 고려했는가?

3. 예상되는 사건과 원인

· 무슨 일이 있는지 아이에게 물어봤나?

- 기관/학원/센터 선생님께 물어봤나?

- 친구 부모님이나 주변 사람들에게 물어봤나?

4. 아이의 최근 행동과 말 습관

- 하지 않았던 행동을 하는가?

- 쓰지 않았던 말투나 말 습관이 생겼나?

- 달라진 부분이 있다면, 그 원인은?

5. 아이의 반응과 비언어적 표현

- 기준이 되는 아이의 '평소 모습'은?

- 평소와 다른 반응을 보이는가?

- 달라진 부분이 있다면, 그 원인은?

6. 아이가 좋아하는 것과 싫어하는 것

- 좋아하는/싫어하는 이유는?

- 아이에게 꼭 필요한 것인가?

- 확장하거나 대체할 만한 것이 있나?

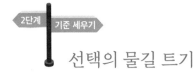

선택의 물길 트기

장기적 목적 내 아이에게 맞는 목적 찾기

하루는 건강하게만 자라면 소원이 없겠다 싶다가도, 다른 날은 이왕이면 공부도 잘했으면 싶다. 사회에서 인정받는 직업을 가졌으면 하는 바람도, 아이가 진짜 하고 싶은 걸 찾길 바라는 마음도 결국 아이가 행복하길 바라는 마음에서 비롯한다.

아이에게 더 좋은 길을 찾아주려고 이리저리 흔들리는 거야 부모로서 어쩔 수 없는 부분지만, 가고자 하는 목적지를 헷갈려서는 곤란하다. 육아의 기본 방향을 단단하게 잡기 위해서는 장기적 목적부터 정해야 한다. 거창한 것이 아니다. 아이가 어떤 모습으로 성장했으면 하는지 적어보는 것부터 시작하면 된다.

조금 특수할 수 있지만, 우리 집 쌍둥이들의 장기적 목적을 소개하면 이렇다.

다운증후군 선둥이

- 필요한 덕목: 자립, 자존감, 자기 확신
- 겪어야 할 좌절: 뜻대로 되지 않을 때의 실망감, 습득까지의 지난한 과정
- 다른 사람의 돌봄도 경험해 성인기에도 같이 살 준비하기
- 직업을 갖는 데 도움이 되는 특기 만들어주기
- 혼자서도 스트레스를 풀 수 있는 취미 만들어주기

예민한 편이 후둥이

- 필요한 덕목: 자립, 자기 확신, 감정 표현, 공감, 자기 의견 피력
- 겪어야 할 좌절: 뜻대로 되지 않을 때의 실망감, 형제의 장애 인정
- 무뚝뚝한 아들이 되지 않게 계속해서 소통하고 대화하기
- 덜 아픈 손가락이라는 설움을 느끼지 않게 애정 표현하기
- 성인이 되어서도 돌아와 쉴 수 있는 가족이 되기

장기적 목적을 이렇게 정한 것은 쌍둥이들이 성인이 될 때까지 쥐고 갈 덕목 하나쯤은 부모인 우리가 선물할 수 있지 않을까 하는 마음에서다. 또 어차피 겪어야 할 좌절이라면 인생의 첫 시련은 안전한 울타리인 가정 안에서 경험하길 바랐다. 무조건적인 수용으로 시련 없이 자란 아이들은 외부에서 더 크게 좌절하기 마련이니까. 가정에서부터 건강한 좌절을 겪으며 어려움을 극복하는 힘을 길러주고 싶었다.

장기적 목적은 게임 〈프린세스 메이커〉처럼 아이가 가졌으면 하는 직업이나 능력을 달성하기 위한 계획이 아니다. 그보다 아이가 꼭 배웠으면 하는 것, 경험했으면 하는 것을 고르는 것에 가깝다.

장기적 목적 **미래의 부모상 이미지화하기**

"어떤 부모가 되고 싶으세요? 아주 구체적으로요."

예전에 한 카페에 올렸던 글이 베스트 게시물이 되었다. 그때 썼던 글의 첫 문장이다. 아이가 성장했을 때, 어떤 부모이길 원하느냐는 질문이었다. 그 글에는 '아이가 어떤 사람이 되면 좋겠다' 라는 생각은 해봤지만, '아이와 어떤 관계였으면 한다'라는 고민 은 해본 적이 없다는 댓글이 많이 달렸다.

여러 가지 부모상이 있다. 아이와 친구처럼 의견을 주고받고 불꽃 튀는 논쟁을 벌이는 생산적인 관계, 부모의 말에 저항 없이 무조건 순응하는 관계, 부모를 무시하고 권위를 넘어서는 도전적 인 관계….

누구나 마음속에 부모로서 갖춰야 할 이상적인 모습이 존재한 다. 명확하게 그림을 그려본 적이 없을 뿐이다. 그래서일까. 어떤 부모가 되고 싶냐고 물으면 흔히 '좋은', '따뜻한', '다정한' 같은 답 변이 돌아온다. 어떤 목표를 세울 때 구체적일수록 좋듯이 부모 상도 좀 더 구체적으로 상상해서 설정하는 것을 추천한다.

"폭신해서 한 번 앉으면 일어나고 싶지 않은 소파, 장성한 아들 둘이 누워도 끄떡없는 길고 넓으며 잠이 솔솔 오는 포근한 소파 같은 엄마."

내가 그리는 부모의 모습이다. 비유를 써도 좋고, 구체적으로 묘사해도 좋다. '나는 이런 부모이고 싶다'는 내용을 자세히 적어 보자. 그림을 그리듯이 묘사하면 뇌에 이미지가 각인된다. 조금

쑥스러울지 몰라도 원하는 부모상을 적어서 냉장고나 잘 보이는 벽에 붙여놓으면 도움이 된다. 지나다니며 수시로 보면 자신도 모르게 그 방향으로 흐르게 되기 때문이다.

어떤 부모가 되고 싶냐는 질문은 어떤 가치관을 가지고 양육할 것인지, 아이가 어떤 어른으로 성장했으면 하는지 방향을 잡는 질문이기도 하다. 그 당시 카페 게시판에는 이렇게 적었다.

"제가 그리는 엄마의 이미지는 실없고 조금 황당하고 웃긴 모습이에요. 아이들이 엄마를 피하는 게 아니라 먼저 다가와 장난을 치고 싶게요. 어른이 돼도 엄마 앞에서만큼은 어릴 때 모습으로 돌아가는 그런 엄마가 되고 싶어요."

쌍둥이들이 일곱 살이 된 현재, 여기서 추가된 바람이 있다. 바로 '권위 있는 부모'가 되는 것이다. 그 전에는 남자아이에 대한 이해가 부족했던 영아 시기였기 때문에 재미있는 엄마로도 충분하다고 생각했다. 아이의 기질과 성향을 어느 정도 파악한 지금은 아들과 엄마라는 관계의 특성상 '권위'가 꼭 필요한 요소임을 알았다. 마냥 웃기고 재미있는 엄마는 친구보다 못한 서열로 밀리기 쉽다는 것을 배웠기 때문이다.

바라는 부모상에서 권위가 추가되었을 뿐 함께할 때 편하고 즐거운 엄마를 꿈꾸는 것은 변함없다.

"이미지를 그려놓고 보니 노후에 금전적으로 손 안 벌리는 것까지 계획하게 되네요? 그리고 교육 플랜도 짜보고 있어요. 공부를 시키는 게 아니라 어떻게 같이 할지 고민 중이에요. '공부 다 했으면 친구들이랑 놀아도 되고 게임을 해도 돼. 다 좋아. 근데 커서도 하루에 엄마랑 30분 이상은 눈 마주치고 놀아야 해.' 아들이 성인이 돼도 독립 전까지는 이렇게 요구할 생각이에요. 너무 비현실적인가요? 뭐 어때요. 제 상상인데! 아이들이랑 잘 놀려고 PC 게임도 배우고, 좋아하는 유튜브 채널도 보고 그러겠죠. 엄마가 평생 공부하고 배워야 한다면 의무감에서가 아니라 기꺼운 마음으로 하려고요."

그때 카페에 썼던 글을 그대로 가져왔다. 이렇게 자신이 그리는 부모상이 생기면 해야 할 일들이 자연스럽게 따라붙는다.

앞에서 '좋은'은 버리기로 했으니 '괜찮은' 부모의 모습을 구체적으로 그려보자. 여기서 '괜찮은'의 방향이 바로 장기적 목적이 된다. 가정마다 다른 상황을 고려하면 세세한 방법이야 얼마든지 달라질 수 있다. 괜찮은 부모가 되겠다는 마음만 변하지 않으면 된다.

단기적 목표 상황에 맞춰 유연하게 목표 수정하기

아이들은 하루가 다르게 쑥쑥 자란다. 어제까지 이것저것 도움을 요청하던 아이가 오늘은 스스로 해보겠다고 부모의 손을 뿌리친다. 어서 자라길 바라는 마음과는 별개로 빠르게 크는 것 같아 아쉽기도 하다.

폭풍 성장하는 아이들을 보니 멀게만 느껴지던 복직이 가능할 것만 같았다. 출산 직후에는 복직은커녕 퇴사밖에 길이 없게 느껴졌다. 도움받을 곳도 마땅치 않았고, 선둥이를 데리고 꾸준히 치료를 받으러 다녀야 해서 엄두도 못 냈다.

당장 후둥이의 첫 기관 적응이 생각보다 길어져 복직을 미뤄야 했다. 그저 어린이집에 무탈하게 있어 주는 것만으로도 다행이었다. 남들 하는 사교육, 다양한 치료도 여의치 않았다.

복직하면서 출퇴근을 위해 10년 동안 장롱에 묵혀두었던 운전면허를 꺼내 들었다. 밤마다 아이들을 재워두고, 남편과 피 터지게 싸우며 운전을 배웠다. 하루가 24시간인 것이 야속하기만 했다. 어렵게 복직한 뒤로 밤잠을 제대로 자지 못했다. 당연히 건강도 나빠졌다.

그때 정해두었던 목표가 대부분 무너졌다. 책육아를 위해 매일 책을 읽어주는 것마저 부담이었다. 밥을 손수 해서 먹이는 것도 사치. 꼼꼼히 깎아주던 손톱은 짐승처럼 길어져만 갔다. 매일 시키던 목욕도 이틀에 한 번으로 줄일 수밖에 없었다. 아이들 앞에서 스마트폰을 보지 않겠다는 다짐도 서서히 무너졌다. 내가 씻는 것은 당연히 뒷전으로 밀렸다.

　　복직 전에는 오전과 저녁 시간에 열 권 이상 책을 읽어주었다. 복직한 지 열흘 만에 다섯 권을 읽어주는 것으로 타협했다. 석 달이 지나고 자기 전에 한 권씩 읽어주는 것으로 다시 수정했다.

　　이것저것 다 해주고 싶은 게 부모의 마음이다. 하지만 체력은 유한하지 않은가. 과욕은 번아웃을 초래한다. 아이는 습관대로 열 권의 책을 뽑아오지만, 체력이 다한 부모는 자신도 모르게 한숨을 내보낸다. 그리고 영혼 없이 빠르게 책을 읽어버린다. 그러나 아이들은 다 안다. 책을 읽어주기 귀찮은 부모의 마음을 금방 알아차린다.

책을 읽어주는 이유

　① 언어발달을 위해, ② 문해력을 키우기 위해, ③ 책 읽는 습관

을 길러주기 위해, ④ 책을 매개로 소통하기 위해, ⑤ 몸으로 놀아주는 것보다 편해서, ⑥ 남들이 하기에

아이와 보내는 시간이 많았을 때는 여섯 가지 이유가 모두 해당됐다. 다다익선이라는 생각에 한 권이라도 더 읽어주려 노력했다. 하지만 복직하면서 시간과 체력에 한계가 온 뒤로 ③, ④번만 기준으로 삼았다. 그리고 다음과 같은 목표를 새로 정했다.

"단 한 권이라도 제대로 읽어주는 것에 의의를 두자. 손수 요리하지 못해도 다양하게 사 먹이자. 매일 목욕은 못 시켜도 손톱만큼은 다치지 않게 자주 확인하자."

절대적으로 시간이 부족했다. 업무나 육아가 아닌 내 시간을 챙길 필요도 있었다. 육아의 질을 높이기 위해서도 체력을 충전하는 게 중요했다.

- 가정보육이 격리보다 낫다.
- 화낼 바에는 TV를 틀자.
- 화가 올라올 때는 이 메모를 보자.

코로나 때 적어서 가장 잘 보이는 냉장고 문에 붙여두었던 글이다. 미디어의 무분별한 노출을 꺼렸던 우리 부부는 코로나 때 규칙을 바꾸었다. 아이에게 화를 내는 것보다 TV를 보게 하는 게 더 낫다고 생각했기 때문이다. 집 밖에서 마음껏 에너지를 분출할 수 없었던 환경에서 우리가 할 수 있는 최선을 선택해야 했다.

홈그라운드인 가정에서의 룰은 가족이라는 선수를 위해 언제든 바꿀 수 있다. 누군가를 이기거나 싸우기 위함이 아니지 않나. 한 번 정한 것을 무른다고 부모와 아이의 세상이 무너지지 않는다. 그때그때 상황에 따라 유연하게 대처해도 된다.

단기적 목표 **훈육할 때 구체적 기준 정하기**

유튜브에서 본 육아 콘텐츠 중에 인상 깊었던 것이 있다. 카시트와 같이 안전과 직결된 문제는 부모가 호소하거나 부탁할 일이 아니라는 내용이었다.

"카시트는 너의 안전을 위해서 하는 거야. 불편한 게 맞아. 그래도 꼭 해야 하는 거야."

이렇게 단호하게 말하며 아이가 아무리 울고불고 떼를 써도 꼭 해야만 하는 거라고 알려줘야 한다는 것이다. 육아에서 안전은 꼭 지켜야 하는 기본 원칙이며, 다른 사람의 안위도 마찬가지라고 했다. 꼬집거나 때리는 등 다른 사람을 다치게 하는 건 해서는 안 되는 행동이고, 이는 변하지 않는 사회적 기준이라 꼭 가르쳐줘야 한다는 것이었다.

훈육에 갈피를 잡지 못했던 때가 있었다. 자아가 생기면서 제멋대로 행동하는 아이들을 감당하기 어려웠다. 훈육하는 중에도 제대로 하고 있는 게 맞나 하는 의심이 들었다. 전문가를 불러 코칭을 받고 싶을 정도로 훈육에 자신이 없었다. 내가 어떻게 훈육하고 있는지 확인하고, 제대로 된 기준과 방법을 찾아야 했다.

훈육할 때 가장 고민이던 것이 선둥이와 후둥이 사이에서 벌어지는 일들이었다. 또래와 발달 속도가 비슷한 후둥이와 달리 선둥이의 시계는 느렸기 때문에 둘의 격차가 벌어지기 시작했다. 체구가 커지고 힘이 좋아진 후둥이가 선둥이를 밀거나 때리는 일이 잦아졌다. 쌍둥이 육아에서 아주 자연스러운 일이었지만 외동으로 자랐던 내 눈엔 그 갈등이 심각해 보였다.

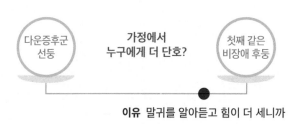

이유 말귀를 알아듣고 힘이 더 세니까

계획 개입해서 말리자

'말과 표현이 느린 선둥이가 계속 맞으니까 후둥이를 강하게 훈육해야겠다.'

후둥이가 선둥이를 때릴 때면 참지 못하고 중재에 나섰다. 하지 말라고 하거나 떼어내는 등 아이들을 말리기에 급급했다. 싸움 자체가 나쁘다고만 생각했기 때문이었다.

그런데 형제를 키우는 부모님들이 말하길 눈만 마주치면 끊임없이 싸운다고 했다. 단 2분 정도만 사이가 좋단다. 외동으로 자라서 그런지 형제끼리는 싸우면서 큰다는 말을 머리로는 이해해도 받아들이기 쉽지 않았다. 스스로 개입이 심하다는 것을 인지하고 나서야 아이들에게 향하는 발걸음을 돌려세울 수 있었다.

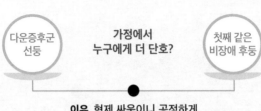

이유 형제 싸움이니 공정하게

계획 위험한 상황이 아니면 지켜본다

발달이 빠르다고 후둥이를 형으로 키우지 않았다. 또 형이라고 해서 모든 것을 양보해야 할 이유는 없다. 쌍둥이들 관계성을 떠올리며 진짜 위험할 때만 나서고 가만히 지켜보거나 못 본 척하는 방법을 써야겠다고 마음먹었다. 그러고 나니 형제 관계에서의 훈육 기준이 새롭게 잡혔다.

'참아보자. 형제 사이의 갈등은 둘이 해결해야 하잖아. 정말 위험할 때만 개입하자. 피를 보기 전까진 둘이 해결하게 지켜보자.'

이 방법은 꽤 잘 먹혔다. 쌍둥이들은 알아서 갈등을 조율하는 방법을 찾아냈다. 발달이 빠른 후둥이는 자연스럽게 양보하는 법을 먼저 배웠고, 선둥이는 순서를 기다리는 법을 배워갔다.

사실 우리 집은 보통의 쌍둥이처럼 동등한 관계가 되기 어렵다. 쌍둥이지만 발달 차이로 형과 동생처럼 관계가 형성되고 있다. 거기에 맞게 훈육의 기준도 변화무쌍하게 바뀌는 중이다.

예전에는 후둥이에게 단호하게 말하는 일이 많았는데, 지금은 선둥이에게 더 그런 편이다. 클수록 선둥이는 타고난 애교로 엄마 아빠를 무장해제 시킨다. 하지만 선둥이가 살아가야 할 사회는 애교가 통하지 않는다. 가족이니까, 사랑스러운 구석이 넘치니까 이해해줬던 부분들이 고착화되지 않도록 주의해야 한다.

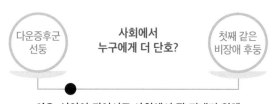

계획 작은 것부터 제대로 가르치기

선둥이는 앞으로 사회 규범이나 지켜야 할 규칙 등을 단호하게 배워야 한다. 규칙을 어기고 애교로 무마하려는 방식은 더는 통하지 않는다는 것도 깨달아야 한다.

아이에게 올바른 행동을 가르쳐준다는 훈육의 목적이야 변함없지만, 구체적인 규칙은 상황에 따라 언제든지 변할 수 있다. 아이들을 수시로 관찰하면서 성장 타이밍에 맞게 세세한 훈육의 기준과 방법들을 수정해나가면 된다. 훈육에 딱 떨어지는 정답은 없기 때문이다.

단기적 목표   아이와 할 일을 목록으로 작성하기

부모의 마음가짐과 훈육의 기준을 잡았으니, 이제 아이가 할 일과 부모가 할 일, 아이가 하되 부모가 도울 일을 나눌 차례다.

세 살 아이와 할 일	부모가 할 일
세수하기	잠자리 정리
양치하기	가방 정리하기
오전 간식 먹기	가방 준비하기
옷 고르기	마스크 챙기기
등원하기	머리 묶어주기
하원하기	기관 메모 쓰기
손 씻기	간식 준비
간식 먹기	식사 준비
배변 훈련	요구 들어주기
샤워하기	놀아주기

아이가 해야 하는 일들을 목록으로 만드는 것은 생각보다 어렵다. 뭘 적어야 할지 잘 모르겠다면, 아이의 하루를 떠올려보자. 특별한 게 아니라 일상에서 매일 하는 행동을 적는다. 그래도 어렵다면 집 안 공간별로 아이가 어떤 행동을 주로 하는지 생각해보면 도움이 된다.

그다음으로 부모의 손이 무엇을 하고 있는지 살핀다. 아이에게 닿아있는지, 다른 물건을 만지고 있는지 따져보고 부모의 할 일과 아이의 할 일을 적는다. 마지막으로 부모가 해줄 수도 있지만, 결국 아이가 해야 하는 것들을 적어본다.

이런 분류가 필요한 이유는 아이의 자립심을 키우는 장기적 목적을 정하기 좋기 때문이다. 이렇게 목록을 만들면 아이 혼자서도 할 수 있는 게 무엇인지 한눈에 파악할 수 있는 데다가 스스로 해볼 기회를 적절한 타이밍에 제공해줄 수도 있다.

자립심을 키우기 위해 아이가 해야 할 일

잠자리 정리하기, 스스로 씻기, 스스로 양치하기, 스스로 옷 입기, 스스로 먹기, 스스로 잠들기, 용변 후 뒤처리하기, 가방 정리하기, 책 읽기, 집안일 돕기….

시간이 시나면 아이가 스스로 하게 될 일들이 대부분이다. 그러나 자립심을 키우기 위해서는 밥 먹고, 씻고, 옷 입는 일상생활부터 아이에게 해볼 기회를 먼저 주는 것이 중요하다. 더불어 독서처럼 어렸을 때부터 길러주고 싶은 좋은 습관까지 목록으로 적어두면 더 좋다. 학습지를 하는 이유도 그렇지 않은가. 지식의 습득보다는 앉아서 공부하는 습관을 만들기 위한 투자임을 우리는 이미 알고 있다.

느린 아이라도 답답한 마음에 '그냥 내가 해주고 말지'라면서 쉽게 손을 뻗지 않는다. 서툴러도 기다려준다. 성인이 되어서 자립할 수 있도록 초석을 다지는 일이라는 걸 알기 때문이다.

단기적 목표 그때그때 홈그라운드 룰

육아를 스포츠 경기에 비유하자면, 가정은 가족들의 홈그라운드라 할 수 있다. 아직 만난 적 없는 사회라는 상대편, 경기를 뛰기 전에 여러 가지 훈련을 받게 될 선수인 아이, 그리고 감독이자 코치의 역할을 맡고 있지만 때로 심판이 되어야 하는 부모까지.

홈그라운드 육아에는 우리 집만의 규칙과 약속이 존재한다.

대단한 것은 아니다. 거창한 것도 아니다. 가정에서 꼭 지켜야 할 기본 규칙들을 정해두면 육아가 편하다. 아이에게 좋은 방향을 찾기도 쉬워진다.

지인 중에 쌍둥이 육아를 하는 집이 있다. 그 집 홈그라운드 룰을 보니 배울 게 참 많았다. 가장 인상적이었던 점은 래이와 래아가 형, 동생으로 명명되지 않고 등등한 관계를 형성하고 있다는 것, 그럼에도 순서를 지켜야 할 때는 정해둔 규칙에 따른다는 점이었다. 짝숫날은 짝수 분에 태어난 래이가 먼저, 홀숫날은 래아에게 우선권이 주어진단다. 래둥이들은 자신의 차례를 확인하다가 자연스럽게 달력 읽는 법도 익혔다고 했다. 그 집에 놀러 갔을 때 옆에 부모가 없어도 "오늘은 3일이니까 내가 먼저 할 거야!"라고 자신의 의사를 표현하는 걸 보고 감탄했었다.

어른들 입장에서는 가벼운 일일지 몰라도 아이들에게 순서를 정하는 일은 그 어떤 것보다 중요하다. 래둥이들은 홈그라운드 룰로 순서를 지키면서 자연스럽게 '기다림'과 '양보'라는 덕목까지 배울 수 있었다. 게다가 달력을 읽기 위해 숫자도 빨리 깨우쳤으니 동시에 세 가지 이득을 본 셈이다. 이렇게 홈그라운드 룰은 한 번 정해놓으면 적응하는 데 다소 시간과 노력이 걸리지만, 익숙해진 다음에는 육아가 한결 수월해진다.

하지만 우리 집은 조금 달랐다. 쌍둥이지만 후둥이가 신체적으로나 인지적으로 선둥이를 앞섰기 때문에 우선권을 쥐었다. 후둥이가 먼저 하면 선둥이가 보고 따라 했기 때문에 후둥이 차례가 앞서는 게 우리 집 규칙으로 자리 잡았다. 어릴 때는 선둥이도 후순위로 밀리는 것을 당연하게 받아들이는 듯했다.

하지만 선둥이도 인지가 발달하면서 자기 순서가 밀리는 것에 강한 분노를 드러냈다. 그때나 지금이나 '기다림'과 '양보'를 배워야 하는 큰 목표는 바뀌지 않았으니, 후둥이가 먼저 하는 게 당연했던 홈그라운드 룰을 바꿔야 했다.

"왜 내가 먼저 했었는데 이제는 기다려야 해?"

"그 전에는 후둥이가 하는 걸 보고 선둥이가 따라 하는 데 도움을 받았거든. 이젠 선둥이가 하는 것도 후둥이한테 도움이 될 게 많아졌어. 후둥이한테도 선둥이가 먼저 하는 걸 볼 기회를 줄게."

이렇게 설득을 해도 먼저 하는 게 좋다는 인식이 강했던 후둥이는 떼를 부리기 일쑤였다. 하지만 그 역시도 새로운 룰에 적응하는 과정이라고 생각했다. 그 마음을 충분히 이해했기에 거듭 설명해주었다.

"후둥이가 먼저 했을 때 선둥이가 잘 기다려줬잖아. 이제 후둥이도 기다림을 배울 차례가 된 거야."

얼마 지나지 않아 후둥이의 저항이 한풀 꺾이는 일이 벌어졌다. 둘이서 손가락으로 공을 튕겨 넣는 미니 축구 보드게임을 하는데 후둥이는 당연히 선둥이를 이길 줄 알았던 모양이었다. 손에 잔뜩 힘이 들어가서 계속 실수를 하더니 결국 게임에서 졌다. 후둥이는 선둥이한테 졌다는 사실에 화가 났는지 빨개진 얼굴로 고함을 치며 울분을 감추지 못했다.

"후둥아, 매번 이길 수는 없는 거야. 졌다고 울고 화낼 게 아니라 선둥이가 어떻게 이겼는지 잘 봐. 선둥이는 힘을 하나도 안 쓰고 편하게 하잖아."

그 말에 분노의 버튼이 눌린 건지 후둥이는 엉엉 울기만 했다. 다음 판에 또 졌지만, 그때는 울지 않고 선둥이 손가락을 유심히 지켜보는 것 같았다. 이어진 게임에서 후둥이는 선둥이가 하는 대로 손가락에서 힘을 뺐다. 그랬더니 신기하리만큼 골이 계속 들어갔다.

그날 후둥이는 늘 이길 것만 같았던 선둥이에게 첫 패배를 맛보았다. 좌절에서 얻은 깨달음 덕분일까. 선둥이보다 항상 먼저여야 한다는 고집을 꺾고 자기 차례를 기다려야 한다는 규칙을 서서히 받아들이기 시작했다.

　아이가 새로운 규칙을 받아들이는 과정에서 오는 진통은 어차피 겪어야 할 일이다. 그걸 두려워하면 그때그때 상황에 맞게 홈그라운드 룰을 수정하기가 어렵다.

장기적 목적 정하기

1. 아이가 성장했을 때, 어떤 부모가 되고 싶은가요?

_____

- 성인이 된 아이 옆에 있는 미래의 내 모습을 떠올려봐요.
- 아이와 내가 어떤 상호작용을 하는지도 생각해봐요.
- 바라는 부모상을 자세히 적어요.
- 사물이나 동물에 빗대거나 구체적 상황을 묘사해도 좋아요.
- 원하는 미래 모습에 아이의 직업이나 능력은 적지 않아요.

2. 아이에게 필요한 덕목과 좌절은 무엇일까요?

성인이 될 때까지 쥐고 갈 덕목: _____

부모로서 경험시켜야 할 좌절: _____

· 단어로 나열해도 좋아요.

· 구체적인 상황을 적어도 좋아요.

3. 아이에게 맞는 장기적 목적은 무엇일까요?

○○에게 맞는 장기적 목적: _____

형제, 부모와의 관계성을 고려한 목적: _____

· 아이의 기질, 성향을 고려한 장기적 목적을 정해요.

· 아이를 둘러싼 주변 상황도 고려해요.

· 가족 관계성을 살피면 더 좋아요. 특히 자주 부딪히거나 잘 안 맞는 성향의 가족 구성원이 있다면 관계성을 헤아려서 목적을 정해요.

· 직업이나 능력보다는 아이가 배우거나 경험했으면 하는 것을 적어요.

단기적 목표 세우기

1. 상황에 따라 유연하게 대처하기

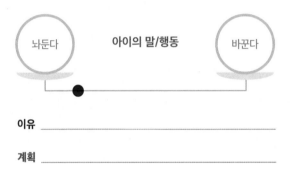

- 아이의 말이나 행동을 양쪽에 적어요.

- 마음의 무게추를 옮겨요.

- 마음이 쏠린 이유를 간단하게 적어요.

- 지금 당장 할 수 있는 것을 적어요.

- 마음 저울로 상황에 맞는 목표를 정할 수 있어요.

2. 훈육할 때 구체적인 기준 정하기

1단계   아이가 _____할 때, 마음이 불편하다.

         아이가 _____할 때, 그냥 싫다.

2단계   아이가 _____할 때, 금전적 손실이나 어려움이 있다.

         아이가 _____할 때, 언젠가 가르쳐 줘야만 한다.

3단계   아이가 _____할 때, 누군가에게 피해를 준다.

         아이가 _____할 때, 아이에게 해가 된다.

· 훈육이 필요했던 아이의 말이나 행동을 빈칸에 적어요.

· 1단계에서 끝나면 훈육하지 않아요. 단, 이때 아이의 말이나 행동이 왜 불편했는지 그 이유를 써보세요.

· 2단계는 훈육이 필요한지 아닌지를 고민해봐요.

· 3단계는 어떤 말로 훈육할지 생각해봐요.

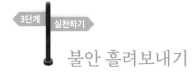

불안 흘려보내기

느슨한 스케줄표 짜기

앞서 아이가 할 일을 목록으로 만들어봤다. 스케줄표 작성은 그것을 더 쪼개는 작업이다. 방법은 간단하다. 먼저 아이와 함께 있는 시간 위주로 활동 목록을 쭉 적어본다. 다만 하원/하교 후 시간을 좀 더 쪼개서 생각한다. 집에서 보내는 시간을 세분화하는 이유는 모든 시간을 아이에게 집중하지 않고, 부모만의 시간도 확보하기 위해서다.

다음은 세 살과 여섯 살 때의 활동 목록이다. 두 목록을 비교해보자.

세 살 쌍둥이 할 일 목록

기상 후	세수하기, 양치하기, 오전 간식(식사), 어린이집/유치원 가방 싸기, 옷 고르기, 등원에 손에 쥘 물건 고르기, 마스크 챙기기
하원 후	후둥이 어린이집 먼저 하원, 선둥이 유치원 하원, 손 씻기, 가방에서 물건 빼기, 저녁 준비하기, 영어 노래 틀어놓기, 낱말 카드놀이, 책 읽기, 선둥이 변기 앉히기
저녁 식사 후	간식 먹이기, 샤워 시키기, 양치하기, 잔잔한 클래식 틀기, 30분 눈을 맞추며 신나게 놀기, 9시 소등하기, 잠자리 독서 책 고르기, 잠자리 대화하기
취침 후	어린이집/유치원 메모 쓰기, 못한 집안일 하기, 엄마표 활동지 만들기, 육아 정보 찾기

일정표를 보면 엄마가 하는 일, 두 아이가 하는 일이 섞여 있다. 처음엔 무슨 일을 하고 어떤 활동을 하는지 확인하는 단계이므로 두서없이 적어도 괜찮다.

여섯 살 쌍둥이 할 일 목록

기상 후	세수하기, 양치하기, 물 한 컵 마시기
등원 전	간식 준비하기, 오전 간식(식사), 옷 고르기, 학습지 한 장 풀기, 음악에 맞춰 댄스 타임
하원 후	손 씻기, 신발 정리하기, 옷 벗기, 가방에서 물건 빼기, 선둥이 소변기 앞에 세우기, 1시간 동영상 시청

저녁 식사	저녁 식사 준비하기, 엄마 아빠와 함께 밥 먹기
저녁 식사 후	간식 먹이기, 30분 눈을 맞추며 신나게 놀기, 둘이 노는 시간 주기, 학습지 여섯 장 풀기
취침 전	샤워하기, 양치하기, 잔잔한 클래식 틀기, 9시 소등하기, 잠자리 독서책 고르기, 잠자리 대화하기
취침 후	어린이집/유치원 가방 싸기, 어린이집 메모 쓰기, 하고 싶은 일 하기, 쉬기

두 목록의 차이점이 보이는가. 할 일과 활동들이 늘어났다. 하지 않았던, 새로운 활동이 추가된 것은 아니다. 원래의 목록을 좀 더 세분화했을 뿐이다. 이렇게 최대한 할 일을 적어본다. 지금은 '모으기' 단계이기 때문이다. 매일 해야 하는 루틴 활동과 일상에서 할 것들을 '가르기'할 것이다. 또 아이가 할 일, 그리고 부모가 해야 할 일도 가를 것이다.

아이들이 더 크면 스스로 하고 싶은 일들을 말한다. 그 의견들을 목록에 반영해주면, 아이들은 가족 구성원으로서 자신의 영향력을 확실하게 느낄 수 있다. 여섯 살이 된 후둥이는 자신이 입을 옷은 자기가 고르겠다고 말한다. 신발을 고를 때도 선택권을 달라고 한다. 하원 후 학습지도 스스로 하길 바랐다. 아이의 바람대로 등원 전과 하원 후 목록에 '옷 고르기'와 '학습지 한 장 풀기'를 잘 적어놓았다. 이렇게 완성된 목록 쪼개기는 요일별 스케줄에서 빛을 발한다.

먼저 월요일부터 토요일까지의 스케줄을 정리해본다. 일요일이 빠지는 것은 이유가 있다. 다음 주 스케줄을 위해 쉬거나 월요일부터 토요일까지 하지 못한 일을 하는 날로 삼기 위해서다. 여행을 가거나 무언가 체험하는 날로 활용할 수 있다. 또 집에서 마음껏 노는 '집콕 데이'로 정할 수도 있다. 뭐가 됐든 아이의 체력과 스트레스를 고려한 쉼이 꼭 있어야 한다.

세 살 쌍둥이 요일별 스케줄

	월	화	수	목	금	토	일
기상 후	세수하기, 양치하기, 오전 간식(식사), 어린이집/유치원 가방 싸기, 옷 고르기, 등원 때 손에 쥘 물건 고르기, 마스크 챙기기						집돌이가되자!
하원 후	손 씻기, 가방에서 물건 빼기, 저녁 준비하기, 영어 노래 틀어놓기						
	낱말카드 놀이	책 읽기	낱말카드 놀이	책 읽기	낱말카드 놀이		
저녁 식사 후	간식 먹이기, 샤워 시키기, 양치하기, 잔잔한 클래식 틀기, 30분 눈을 맞추며 신나게 놀기, 9시 소등하기, 잠자리 독서 책 고르기, 잠자리 대화하기						
취침 후	어린이집/유치원 메모 쓰기, 못한 집안일 하기, 엄마표 활동지 만들기, 육아 정보 찾기						

세 살 때는 활동에 큰 의의를 두지 않아 스케줄을 느슨하게 짰다. 보다시피 하루 루틴처럼 해야 할 일들이 대부분이다. 완료 후 따로 표시할 필요도 없다. 생각나면 하고 지나면 그냥 넘기는 일들에 가깝다. 아이들을 그저 잘 먹이고, 잘 재우기만 해도 벅찬 시기다. 상황에 맞게 쉽고 간단하게 짜면 된다.

여섯 살 요일별 스케줄은 이렇다.

여섯 살 쌍둥이 요일별 스케줄

		월	화	수	목	금	토	일
기상 전후	스스로	세수하기, 양치하기, 물 한 컵 마시기					알아서 깨기	
	부모	기분 좋게 깨우기						
등원 전	스스로	옷 고르기, 학습지 한 장 풀기, 음악에 맞춰 댄스 타임						
	부모	간식 준비하기						
하원 후	스스로	손 씻기, 신발 정리하기, 옷 벗기, 가방에서 물건 빼기						
	부모	선둥이 소변기 앞에 세우기, 1시간 동영상 시청						
저녁 식사	스스로	엄마 아빠와 함께 밥 먹기					저녁 식사 함께 준비하기	
	부모	저녁 식사 준비하기						
저녁 식사 후	스스로	둘이 노는 시간 주기, 학습지 여섯 장 풀기					함께 놀기	
	부모	간식 먹이기, 30분 눈을 맞추며 신나게 놀기						

취침 전	스스로	샤워하기, 양치하기, 잠자리 독서 책 고르기	
	부모	잔잔한 클래식 틀기, 9시 소등하기, 잠자리 대화하기	
취침 후	스스로		
	부모	어린이집/유치원 가방 싸기, 어린이집 메모 쓰기, 하고 싶은 일 하기, 쉬기	부부끼리 한잔해!

여섯 살 때는 스스로 하는 구간이 생기고 더 세밀해졌다. 별다른 것은 없다. 부모의 일과 아이가 할 수 있는 일을 분리했을 뿐이다. '옷 고르기'는 아이들이 원해서 추가됐는데, 그 전에 AI 스피커에 날씨를 묻는 루틴이 생겼다. 후둥이는 날씨 예보를 듣고 알아서 외투와 부츠를 챙긴다.

아주 어릴 때부터 해오던 잠자리 독서는 지금도 꾸준히 이어져오고 있다. 육아효능감을 채우는 구간이라서 주말에도 빠지지 않는 스케줄이다. 지금은 세 살 때와 다르게 학습적인 부분도 늘어났지만, 아이가 원하는 것을 위주로 한다. 학습지 역시 후둥이가 스스로 풀고 싶어 한 것이다.

취침 후 부모에게 '쉬기'라는 할 일도 일부러 넣었다. 육아할 때 휴식 시간을 따로 빼놓지 않으면 쉬는 시간을 확보하기 어렵다. 아이들과 함께 노는 스케줄도 잊지 않고 적는다. 짧은 시간을 놀아도 아이와 눈을 마주치며 상호작용하는 시간을 확실히 갖기 위해서다.

스케줄은 언제든지 바뀔 수 있다. 목록부터 만들고 요일에 맞게 정리한다. 아이가 자라면서 필요한 부분의 목록을 쪼개면 된다. 목록을 쪼개다 보면 아이를 키우며 얼마나 많은 일을 하고 있는지 눈으로 확인하는 효과도 있다.

교육은 선택, 휴식은 필수

"낱말카드를 오가며 계속 보여줘. 인지발달 다 부모가 해주는 거잖아."

첫 아이들이라 욕심은 나고 무언가 해줘야 한다는 불안한 마음이 컸다. 잠들기 전까지 부모의 자극이 중요하다고 믿으며 교육은 필수라고 생각했다. 사교육을 하기엔 어린 것 같아 집에서 가볍게 시작해보기로 했다. 워크북을 풀거나 낱말카드를 하는 등 인지발달을 돕는 활동을 하루에 몇 개 이상은 해야 맘이 놓였다.

아이들에게 교육이 필요한 것은 맞다. 가정 내에 적절한 자극이 있어야 적기를 놓치지 않는다는 말에도 일부 동의한다. 그러나 어린 나이에 교육이 필수가 되면 부모의 육아효능감에 큰 타격을 입을 수 있다. 학습과 완전히 거리를 두라는 게 아니라 적기와 타이밍을 보며 교육해야 한다는 의미다.

부모가 가르쳐줄 수 있는 많은 것들이 일상 그 자체로 의미가 있다. 장애 아이가 언어치료실을 아무리 오래 다녀도, 가정에서 사랑하는 가족들끼리 나누는 대화에서 더 많이 배운다. 감정과 비언어적 표현까지 두루 습득할 기회를 얻는다.

일상이 교육이라고 생각한다면 아이의 교육을 굳이 스케줄표에 넣지 않아도 된다. 그럼에도 꼭 해주고 싶은 것이 있다면 그건 교육보다 '노력'이라는 이름으로 부르는 게 어떨까. 부모가 하나라도 더 해주고 싶은 마음에서 시작되는 것이기 때문이다.

앞서 언어치료실 이야기를 했지만, 교육에 혈안이 되다 보면 아이의 체력에는 눈 감기 쉽다. 특히 느린 아이를 키우는 사람들은 치료에 더 도움이 될까 싶어 많은 시간을 밖에서 보낸다. 나 역시 그렇다.

하지만 내게는 주기가 있다. 날씨와 체력을 고려하여 봄부터 가을까지는 치료 시간을 늘리고, 겨울에는 치료를 줄이는 대신 가정에서 쉬는 시간을 꼭 확보하려고 노력한다. 그래야 롱런할 수 있다. 느린 아이의 치료는 매우 장기전이기 때문이다.

배움보다 중요한 것은 아이의 체력을 관리하고, 적절히 쉴 수 있는 환경을 마련해주는 것이다. 에너지 넘치는 아이들은 자신의 한계를 잘 알지 못한다. 체력이 급격하게 고갈되어도 스스로 깨닫기 어렵다. 부모가 아이의 쉼을 지켜줄 필요가 있다. 따라서 스케줄을 짤 때 하루 중 쉬는 시간과 일주일 중 쉬는 날을 미리 정해두는 것이 좋다. 온종일 쉬는 게 영 불안하다면 쉬는 날 하나 정도는 교육, 즉 노력을 조금 더 보태면 된다. 그래야 마음이 편하다면 말이다.

아이에게 더 많은 자극을 주기 위해 어딘가를 방문하는 것은 진정한 '쉼'이 아니다. 엄밀히 말해 그건 체험이다. 부모는 그것이 휴식이라고 생각할 수도 있겠지만, 낯선 공간에서 모르는 누군가를 만나고 새로운 경험을 하는 것 자체가 아이들에겐 스트레스일 수 있다.

앞서 이야기한 〈프린세스 메이커〉 게임을 기억하는가. 주인공이 일과 교육에 찌들어 스트레스 지수가 올라가면 악마가 되는 엔딩을 맞았었다. 게임 캐릭터도 그런데 아이들에게 온전히 쉴 시간이 필요한 것은 당연하지 않을까? 온종일 집에 늘어져 있거나 편안한 차림으로 동네를 산책하는 것 정도로 휴일을 보내보자. 물론 잘 알고 있다. 집에서 하루 종일 아이를 돌보는 것이 힘들다는 것을. 키즈 카페만 가도 아이를 보기가 한결 수월하다. 쇼핑센터는 시간 보내기에 더할 나위 없이 좋다. 하지만 아이는 부모와의 온전한 시간을 원한다. 교감 없는 일상을 보낸 아이는 엄마 아빠의 사랑이 부족하다고 느낄지도 모른다.

아이가 외부 자극 없이 집에서 시간을 보내면 온전히 자신의 놀이를 업그레이드하고 확장할 기회를 가질 수 있다. 집에서 놀거리가 없으면 뭐라도 만들고, 하다못해 집 화분을 구경하며 새로운 것을 발견할 수도 있다. 일상이 교육이 되는 순간 집은 배움의 공간이 된다. 온전한 쉼, 심심한 집에서 스스로 탐구하는 능력이 길러지는 것이다.

가족들과 스케줄표 발표하기

앞서 장기적 목적과 단기적 목표를 세우고 목록을 쪼개어 스케줄표를 짰다. 이제 그 스케줄표를 가지고 발표할 차례다. 식구들끼리 모인 자리에서 간단히 정리한 스케줄표를 가져와 읽는다. 아이가 글을 읽을 줄 안다면 함께 읽으면 좋다.

　스케줄을 발표하는 이유는 부모와 자녀 사이에 건강한 토론 문화의 물꼬를 틀 수 있기 때문이다. 발표 시간에 매일 해야 할 일과 놀이, 휴식을 모두 공표한다. 나름 합리적으로 스케줄을 짰다고 생각한 것과 달리 아이들은 왜 이렇게 할 일이 많냐고 아우성칠지도 모른다. 엄마 아빠가 하는 일은 왜 이리 적냐고 물을 수도 있다. 아이들의 불만에 당황할 필요는 없다. 아주 건강한 토론 문화가 만들어지고 있다는 신호니까 안심해도 좋다. 이때를 기다렸다는 듯이 의견을 조율해나가면 된다.

　이 발표 시간은 매우 중요하다. 네다섯 살밖에 되지 않은 아이에게 말해봤자 소용없다고 생각하면 큰 오산이다. 모든 스케줄을 완벽하게 지키고자 발표하는 것이 아니다. 아이들이 가족의 구성원으로 존중받고 있다는 것을 느끼게 하기 위해서다. 더불어 의사를 표현할 수 있는 나이가 되어 자기 생각을 효과적으로 전달하는 법을 배울 기회이기도 하다.

　부모는 모든 가족 구성원의 의견을 귀담아들어야 한다. 각자 더 하고 싶은 것을 적거나 원하는 것을 이야기하는 시간을 갖는다. 마음에 들지 않더라도 끝까지 경청한 뒤 나중에 조율한다. 스스로 하는 양치나 세수처럼 루틴화된 것은 소거해도 좋다. 단, 함께 상의해서 스케줄을 조정하는 절차를 거쳐야 한다.

스케줄 발표 후 시작 날짜도 정한다. 시작 후 2주 정도는 정해진 스케줄대로 움직인다. 그리고 2주 후 점검 시간을 갖는다. 이때 스케줄을 제대로 지켰는지 확인하는 질문은 하지 않는다. 그 대신에 스케줄에 어떤 목록이 있었는지 다시 생각해보는 시간을 갖는다. '엄마가 지키기로 한 건 뭐였더라?', '○○(이)는 뭘 하고 싶어 했지?'라는 질문을 던지는 것이다. 요컨대 '잘 지켰어?', '제대로 했어?'라는 질문은 삼가야 한다. 스케줄을 잘 지켰는지 아닌지는 이미 알고 있지 않은가. 거듭 말하지만 발표 시간은 서로를 질책하기 위한 시간이 아니다.

처음엔 우리 집도 잘 지켜지지 않았다. 나중에는 딱 세 가지만 지키도록 했다. 아이가 알아서 하겠다고 정한 '하루 한 장 학습지 풀기', '스스로 밥 먹기', '신고 싶은 양말 스스로 가져오기'가 전부였다. 이렇게 소소하다 못해 하찮아 보이는 일들이 습관으로 굳어지니 스케줄표에서 얼마 지나지 않아 소거됐다. 사실 정해둔 할 일은 열 가지가 넘었지만, 다른 것들은 지키지 않아도 강요하지 않았다.

수학을 좋아하는 후둥이는 수학 학습지를 매일 풀고 싶다고 했다. 혼자 알아서 밥 먹기는 귀찮지만, 어린이집에서도 그렇게 하라고 시키고 당연히 그래야 한다는 것을 알기에 스스로 정했다. 마지막으로 의사 표현이 서툰 선둥이에게는 작은 양말 하나라도 자신의 취향껏 골라 가져오는 연습이 필요했다. 그렇게 등원 루틴을 만들었더니 자연스럽게 신발장으로 향하는 이점도 있었다.

세 가지 할 일은 아이들 스스로 정한 것이었고, 부모로서도 꼭 했으면 하는 것들이다. 그래서 지키지 않을 때는 좀 더 강하게 요구하기도 했다. 목표는 원대하게 잡을 수도 있지만 스케줄은 할 수 있는 것들, 즉 작고 소소한 것들로 채워야 아이들에게 성공 경험을 꾸준히 맛보게 할 수 있다.

욕심내지 말자. 당신도 다이어리에 적어둔 'TO DO LIST'를 안 지킨 날이 많을 것이다. 스케줄표를 작성하고 가족들 앞에서 발표하는 것은 모든 할 일을 완수하기 위해서가 아니다. 그러니 계획대로 진행되지 않아 실패했다고 낙담할 필요가 없다.

할 일을 쪼개고 쪼개어 아주 작은 것부터 가족들 앞에서 발표해보자. 작은 성공 경험이 쌓이는 것은 물론이고 가정 내 건강한 토론 문화까지 만들어갈 수 있다.

2주 후 스케줄 수정하기

2주 동안 스케줄이 잘 지켜졌는지 점검해볼 차례다. 그런데 왜 2주일까? 21일의 기적이라는 말이 있다. 3주면 완전히 습관으로 만들 수 있는 시간이라고 한다. 여기서 또 생기는 의문, 왜 3주가 아니라 2주일까?

우리의 정한 목표와 스케줄은 완전하지 않다. 이미 짜놓은 스케줄 중에서 좋은 것들은 바꾸지 않을 테니 자연스레 3주로 넘어간다. 하지만 아이에게 맞지 않는 것, 불편한 것들이 습관으로 굳어지면 곤란하다. 그렇다고 육아를 하면서 매주 스케줄을 짜는 일은 너무 부담스럽다. 게다가 실패할 때마다 매주 목표를 바꿔버리면 아이는 큰 혼란에 빠질 수 있다. 목표를 정했으면 적어도 두 번 이상 해보는 것이 좋다. 어떤 변화가 있을 때 최소 2주부터 적응의 결과가 나오기 때문이다. 게다가 격주로 한 달에 딱 두 번만 계획을 세우면 되니까 스케줄을 짜는 부담도 줄어든다.

2주 후 스케줄대로 잘 지켜졌는지 점검하면서 수정할 것과 아닌 것들로 나누어보자. 아쉽다면 2주를 더 해보는 것도 괜찮다. 이 모든 것은 아이에게 맞는 방향을 찾기 위함이다. 돌다리도 두들겨 보고 건너야 하는 것처럼 아이에게 적용해보고 확실한 방향을 잡는 것이 중요하다.

세 살 쌍둥이 2주 일상 스케줄

5월	월	화	수	목	금	토	일
기상 후	세수하기, 양치하기, 오전 간식(식사), 어린이집/유치원 가방 싸기, 옷 고르기, 등원 때 손에 쥘 물건 고르기, 마스크 챙기기						집 돌 이 가 되 자 !
하원 후	손 씻기, 가방에서 물건 빼기, 저녁 준비하기, 영어 노래 틀어놓기						
	낱말카드 놀이	책 읽기	낱말카드 놀이	책 읽기	낱말카드 놀이		
저녁 식사 후	간식 먹이기, 샤워 시키기, 양치하기, 잔잔한 클래식 틀기, 30분 눈을 맞추며 신나게 놀기, 9시 소등하기, 잠자리 독서 책 고르기, 잠자리 대화하기						
취침 후	어린이집/유치원 메모 쓰기, 못한 집안일 하기, 엄마표 활동지 만들기, 육아 정보 찾기						

세 살 쌍둥이 2주 이벤트 스케줄

5월	월	화	수	목	금	토	일
기상 후	세수하기, 양치하기, 오전 간식(식사), 어린이집/유치원 가방 싸기, 옷 고르기, 등원 때 손에 쥘 물건 고르기, 마스크 챙기기				할아버지/할머니 댁에 놀러가는 날		
하원 후	손 씻기, 가방에서 물건 빼기, 저녁 준비하기, 영어 노래 틀어놓기				★ 기관에 안 가지만 할비/할미 집에서도 해볼까 낱말카드 놀이, 책 읽기(열 권 챙겨가기)		
	낱말카드 놀이	책 읽기	낱말카드 놀이	책 읽기			
저녁 식사 후	간식 먹이기, 샤워 시키기, 양치하기, 잔잔한 클래식 틀기, 30분 눈을 맞추며 신나게 놀기, 9시 소등하기, 잠자리 독서 책 고르기, 잠자리 대화하기				신나게 놀기, 양치하기, 잠자리 대화하기, 샤워는 3일에 한 번		
취침 후	어린이집/유치원 메모 쓰기, 못한 집안일 하기, 엄마표 활동지 만들기, 육아 정보 찾기						

이맘때는 할아버지, 할머니 댁에 놀러 가는 날이 자주 있었다. 아빠 친구네에 놀러 갈 때도 스케줄을 지키는 기준을 느슨하게 바꾸었다. 하지만 양치나 속마음을 말하는 잠자리 대화는 장소가 바뀌어도 꼭 해야 하는 일들이기에 이벤트 스케줄표에 당연히 적었다. 표를 보면 이런 것까지 굳이 적어야 하나 의문이 들 수도 있다. 그러나 우리는 원래 스케줄표를 가족들 앞에서 발표했다. 당

연히 변경된 일정을 공유할 필요가 있기에 적는 것이다.

"할머니, 할아버지 집에는 책이 없으니까 딱 열 권만 가져가자. 자, 골라봐."

"장난감이 많이 없으니까 낱말카드를 가져가서 단어 맞추기 놀이할까?"

"가져가고 싶은 장난감을 이 가방에 담아보자."

아이들과 이렇게 대화를 나누는 것이다. 미리 아이들에게 할 것들과 계획을 말하면 예측되는 상황을 머릿속에 그릴 수 있다. 그리고 필요한 것들을 스스로 챙기도록 한다. 장난감을 일일이 챙기지 않아도 스스로 놀잇감을 찾도록 유도하는 것이다.

2주 후에 다시 가족들이 모인다. 그동안 있었던 일을 공유하면서 변경할 스케줄이 있는지 아이들에게 묻는다. 바꾸고 싶은 게 있다면 조율하고, 없다면 부모가 요청한다. 꼭 바꾸어야 하는 것은 이유를 충분히 설명한 다음 변경한다. 수정한 스케줄을 다시 공표하고 잘 보이는 곳에 붙인다.

"자, 지난주에 학습지 세 장은 너무 많았으니까 두 장으로 줄이자. 꾸준히 하는 게 더 중요하니까."

"세수는 귀찮더라도 꼭 해야 해. 아침만 스스로 해볼까?"

"어린이집에서는 가방 정리를 스스로 하지? 집에서도 스스로 해보자."

이런 식으로 하나씩 추가하거나 빼면 된다. 아이들이 '놀기'나 '과자 먹기' 같은 걸 말해도 스케줄표에 적는다. 아이들에겐 아주 중요한 일정일지도 모른다. 그리고 글을 읽고 쓸 수 있으면 스스로 할 일을 적어보게 한다.

쌍둥이들이 여덟 살이 되면 스케줄을 발표하는 시간을 더 늘려 가족들의 일상을 공유하는 것을 도모하고 있다. 선둥이는 언어로 의사를 표현하는 것이 여전히 힘들지만, 발달센터에서 배운 것을 함께 해보고 이야기를 나누는 것으로 대체할 생각이다. 스케줄을 공표하는 시간을 이용해 다양한 주제로 가족끼리 대화하는 자리를 마련하려는 것이다.

"이번 주에 마트에 갈 거야. 뭐 살지 적어볼까?"

"보고 싶은 책을 빌리러 도서관에 가볼까?"

"뭐 하고 싶어? 할 거 없으면 대청소 같이 할래?"

"집에 있는 블록을 다 꺼내서 놀까?"

쉬는 날에 할 일을 주제로 가볍게 대화할 수도 있다. 아이가 무리하지 않는 선에서 놀 거리나 집안의 구성원으로서 할 일을 이야기하는 것이다. 아이들이 제안하는 것은 기상천외하다. 위험하거나 터무니없는 게 아니라면 조율해서 스케줄로 적는다.

2주마다 발표 시간을 이런 대화로 채우면 된다. 워킹맘이라면 이 시간을 더 귀하게 쓸 수 있을 것이다. 쉬고 싶다면 주말을 '미디어 데이'로 정할 수도 있다. 물론 적정 시간은 당연히 지켜야 한다. 이렇게 2주 동안의 스케줄을 가지고 루틴을 만들면 된다. 어른까지 가지고 갈 좋은 습관을 어릴 때부터 만들어주는 것이다.

가족의 구성원으로서 책임감을 기르고, 많은 추억을 담은 채로 성장한 아이는 남다르다. 내면이 건강한 아이로 자란다. 가정이 안식처가 되고, 부모를 떠올리면 사랑의 기억이 가득할 것이 분명하다.

전업맘이 아닌 부모를 위한 10분 플래너

복직한 지 2년이 다 되어간다. 원래 복직을 한 차례 했었는데 6개월 만에 다시 휴직해야만 했다. 시부모님이 함께 사시며 쌍둥이들을 돌봐주셨는데도 육아가 너무 버거웠다. 아이들이 너무 어리기도 했다. 컴퓨터를 끄고 있어도 스마트폰으로 관련 정보를 찾을 수 있는 업무라서 그런지 일과 육아, 삶의 경계를 하나도 지키지 못했다. 그러다 보니 새벽까지 잠을 자지 못하는 날이 늘었고, 결국 수면 부족으로 건강에 이상이 찾아왔다.

아이들에게 무언가 해주고 싶어도 물리적인 시간이 안 되는 게 더한 스트레스였다. 하필 코로나 시국과 겹치는 바람에 상황도 점점 안 좋아졌다. 육아의 방향을 다시 잡아야 했다. 욕심껏 다 해줄 수 없으니 '딱 하나라도 제대로!' 하기로 마음먹었다.

등원 전, 하원 후, 저녁 시간, 잠자리 시간 중에서 짧고 굵게, 아주 진한 눈 맞춤과 에너지를 쏟아붓는다면 언제가 가장 좋을지 생각했다. 고민 끝에 아침잠이 많은 쌍둥이를 위해 기상 시간에 그 힘을 쏟아붓기로 했다. 솔을 넘은 '라' 톤으로 다리를 마사지하며 '사랑해'를 외치며 애정을 듬뿍 퍼부었다. 볼을 비비고, 노래를 부르며 아이들을 깨웠다. 아침의 행복이 등원까지 쭉 이어지는 것을 경험하곤 이거다 싶었다.

오전을 파이팅 넘치는 에너지로 가득 채운다면, 저녁엔 차분하고 부드럽게 교감할 수 있는 시간을 가졌다. 잠자리에 든 아이에게 스킨십을 하면서 '얼마나 보고 싶었는지 모른다고, 회사에서도 네 생각을 하고 있었다'는 말로 하루를 마무리했다.

잘 알고 있다. '딱 하나라도 제대로!' 한다는 것이 얼마나 힘든 일인지. 퇴근해서 돌아오면 아이를 씻고 먹이고 재우기 바쁜 삶을 나도 살아보았고, 여전히 그렇게 살고 있다. 어느 하나 제대로 못 해내는 기분. 아이들이 엇나가면 내 탓 같고, 혹시나 전업맘이 되면 나아질까 싶어 매일 직장을 때려치우는 상상을 하며, 사 먹이는 음식에 괜히 마음 쓰이던 날들…. 친한 회사 동료들은 그냥 포기하고 사는 거라 한다. 뭘 그리 잘하려고 애쓰냐고도 한다. 멋지게 일하는 모습을 보여주는 것도 아이에게는 교육이라는 말로 서로를 위안한다. 그러면서도 아이에게 부족한 게 많을까 싶어 항상 불안한 마음을 달고 산다.

하지만 부모라는 타이틀이 붙은 이상 어느 정도의 노력은 피할 수 없다. 대신 딱 10분만 투자하자. 작고 하찮아 보이는 일도 매일 하면 강력한 힘을 발휘한다. 늘, 항상, 매일의 힘은 절대 배신하지 않으니까 꾸준히 하는 것에 의의를 두자. 그러다 보면 손과 몸에 익고, 익숙해지면 조금씩 늘릴 수도 있다. 시간을 늘릴 여건이 안 된다면 10분으로도 충분하다. 이미 당신은 모든 에너지를 끌어다

최선을 다하고 있지 않은가. 그 소중한 10분을 '언제, 어디서, 무엇을, 어떻게, 왜' 투자할지 생각해보자.

퇴근이 늦은 부모의 10분 투자 계획

언제 오전 기상

어디서 침대에서

무엇을 잠 깨우기

어떻게 기분 좋게, 최대한 상쾌하게 딱 10분만!

왜 스킨십으로 부모와의 교감을 온전하게 누리도록

더 다양한 시간대와 상황도 있을 것이다. 잠과 관련한 것을 다른 것으로 바꾸어도 된다. 이왕이면 일상에서 당연히 하는 활동을 선택하는 게 좋다. 기본적인 활동일수록 루틴화하기 쉽다. 충분히 놀아주고 싶다면 영혼까지 불어넣어 혼신의 10분을 채우면 끝이다.

10분은 그리 긴 시간이 아니다. 아이는 10분 이상을 요구할 수 있다. 여력이 된다면 더 늘려도 좋지만, 부모로서 에너지를 비축하는 일도 중요하다. 우리에게는 내일도 있으니까.

결국 다시 선택하면 된다

처음 아이들을 낳았을 때 '선택'에는 무시무시한 결과가 따른다고 생각했다. 임신 중에 이벤트가 생겼어도 쌍둥이들을 낳기로 결정했기 때문이다. 최선을 다해 키우고 싶었다. 내 잘못은 아니지만, 왠지 모를 죄책감을 지우고 싶어서였던 것 같다. 그래서 장애 아이의 삶, 비장애 아이의 미래에 대해 더 열심히 공부했다. 아이들을 키우면서 비장해질 수밖에 없었다.

살다 보니 모든 선택의 결과를 책임질 수 없다는 걸 알았다. 죄책감을 가질 일도 아니었다. 그저 매번 만나는 선택의 갈림길에서 더 나은 선택을 하려 노력할 뿐이었다. 그걸 알아차린 뒤에는 무거운 책임에서 자유로워질 수 있었다.

그런데 우리 사회는 육아에 관해서 만큼은 부모의 선택에 무한한 책임을 강요한다. 부모의 어설픈 모습이나 실수에 그리 관대하지 않다. 어려움이 있는 아이에게 쉽게 문제행동을 하는 아이이라는 프레임을 씌우고, 그 원인을 부모의 잘못된 육아관과 행동에서 찾는다.

아이들을 키워보니 이 말은 반은 맞고 반은 틀린 것 같다. 잘못된 육아법으로 문제가 생긴 경우 정작 그 부모들은 자신의 잘못인지 모른다. 대부분 내가 옳고, 내가 정답이라는 프레임에 갇혀 있기 때문이다. 하지만 그런 부모들도 내 아이를 잘 키우고 싶은 마음은 똑같다. 자신의 선택에 실수가 있을 수 있다는 걸 인정하지 못할 뿐이다.

가장 좋은 선택이라는 보장이 없기에 선택의 결과에 불안한 마음이 드는 건 당연하다. 그렇다고 아무것도 선택하지 않고 무한정 미룰 수도 없다. 하루에도 몇 번씩 선택의 갈림길에 서는 부모이기 때문이다. 그 불완전한 육아에서 우리는, 당장 우리가 할 수 있는 것을 해낼 뿐이다.

후회를 줄이는 선택육아는 부모의 성찰에서 시작된다. 자신을 돌아볼 준비가 된 부모는 무엇이 가장 중요한지 아는 사람이다. 아이의 행복과 부모의 행복은 멀리 보면 비례한다. 모든 가족이 행복한 육아를 꿈꾼다면, 선택육아를 하지 않을 이유가 없다.

완벽하고 완전한 부모는 없다. 그러나 수많은 선택지 앞에서 괜찮은 선택을 하는 부모는 있다. 그런 부모가 바로 당신이라고 믿는다.

2주 플래너

1. 목록 작성하기

아이가 할 일

부모가 할 일

아이의 자립성을 키우기 위한 좋은 습관

---

2. 할 일 목록 작성하기

기상 후	
하원/하교 후	
저녁 식사 후	
취침 후	

3. 할 일 목록 쪼개기

기상 후	
등원/등교 전	
하원/하교 후	
저녁 식사	
저녁 식사 후	
취침 전	
취침 후	

4. 요일별 스케줄 짜기

	월	화	수	목	금	토	일
기상 후							
하원/하교 후							
저녁 식사 후							
취침 후							

5. 요일별 스케줄 쪼개기: 역할 분배하기

• 최소 2주 동안 활용하는 게 좋아요. 중간에 얼마든지 수정할 수 있어요.

		월	화	수	목	금	토	일
기상 전후	스스로							
	부모							
등원/등교 전	스스로							
	부모							
하원/하교 후	스스로							
	부모							
저녁 식사	스스로							
	부모							
저녁 식사 후	스스로							
	부모							
취침 전	스스로							
	부모							
취침 후	스스로							
	부모							

10분 플래너

언제 _____

어디서 _____

무엇을 _____

어떻게 _____

왜 _____

✓ 스케줄을 짤 시간도 없다면, 다음 예시 중에 하나를 골라 실

천해보세요!

예1) 출근이 이른 부모

언제 퇴근 후 아이가 원할 때 혹은 원하지 않을 때

어디서 아이가 노는 곳

무엇을 함께 놀기

어떻게 눈을 마주치며 온 열정을 끌어다가 딱 10분만!

왜 신나게 놀이로 교감하도록

예2) 야근을 하고 온 부모

언제 잠들기 전

어디서 잠자리 혹은 잠자러 가기 전 거실에서

무엇을 마음속 이야기 나누기

어떻게 같이 눕거나 앉아서 '사랑한다, 보고 싶었다, 네 생각

　　　많이 했다' 등 애정의 말을 쏟아내기. 딱 10분만!

왜 잠들기 전 행복한 기억이 내일까지 이어지도록

예3) 3교대 등 일정이 자주 바뀌는 부모

언제 잠들어 있을 때

어디서 아이 옆에 누워서

무엇을 잠든 아이에게 속삭이기

어떻게 이불을 덮어주고 쓰다듬으며 사랑한다고 말해주기

왜 잠결에 부모의 사랑을 느낄 수 있도록

오늘보다 내일 더 단단해지길

"난 네가 참 대단하다는 생각이 든다."

출퇴근 시간이 아까워 친구들과 자주 통화를 합니다. 요즘 뭐 하고 지내는지 이야기하다 보면, 제 가장 오랜 친구는 늘 이렇게 말합니다.

단 한 번도 스스로 대단하다고 생각해본 적이 없습니다. 처음 해보는 육아를, 초보답게 실수하고 놓치고 다시 다짐하기 때문이에요. 하지만 아들 둘, 쌍둥이, 워킹맘, 다운증후군, 장애 가족… 이런 단어들만 놓고 보면 절로 미간이 좁아지고 눈썹이 팔(八)자를 그린다는 걸 저도 압니다.

그러나 유튜브로 만나는 쥬슌맘은 똑 부러지고 완벽한 엄마처럼 보이는 듯합니다. 그런데요, 저도 사람인지라 지극히 못나 보이는 모습은 삭제합니다. 말을 더듬는 것, 과한 손동작 같은 건 다 잘라냅니다. 좋아 보이게 편집하는 것뿐이에요. 지인들은 다 압니다. 제가 얼마나 덜렁대고 구멍이 많은 사람인지를요.

이런 제가 육아에 대해 이야기할 수 있는 건 누구보다 불안해 봤기 때문이에요. 불안하니까 어쩔 수 없이 육아법을 더 깊이 고민하며 공부해야 했습니다. 너무 다른 두 아이를 키우려니 이리저리 휩쓸리지 않으려면 선택과 집중이 필요했습니다. 그렇게 '선택육아'에 대해 글로 쓰려고 하니 온전한 형태는 아니었어요. 두루뭉술했죠. 글을 쓰면서 더 무르익고 단단해져서 손에 잡히는 모양으로 완성됐습니다.

글을 다 쓰고 나서 확신했어요. 저는 완벽한 엄마가 아니라는 것을요. 때때로 화를 주체하지 못해 샤우팅을 지르거든요. 후회하고 다시 그러지 말자 또 다짐하지요. 모두 솔직하게 인정하고 글로 적었어요. 불안하고 흔들리는 엄마지만 어제보다는 오늘, 오늘보다는 내일 더 단단해지길 바라며 앞으로 한 걸음씩 나아갈 뿐입니다.

이 책은 '이렇게 해라!'라고 강요하지 않아요. 정답을 가지고 있지도 않고요. 그저 선택에 도움이 되는 방법을 제안할 뿐입니다.

완벽하지도 않고 대단하지도 않아요. 그저 오늘 더 나은 부모가 되고픈 여러분에게 든든한 육아 동지가 되길 바랍니다. 직접 함께 할 수는 없으니, 대신 책으로요.

제 가족의 경험과 삶이 진심으로 도움이 되기를 바라며 유튜브 채널을 열었던 기억이 납니다. 아이의 장애를 오픈하면서 더 괜찮은 부모가 되려고 노력한 부분도 많았습니다. 아이들이 살아갈 세상에 조금이나마 도움이 되기를 바라기도 했고요. 장애 가족이라면 으레 갖는 슬프고 가슴 아픈, 편견 어린 이미지도 깨고 싶었습니다.

가까이 지내던 웹툰 작가 언니가 저희 쌍둥이들을 위한 그림을 그리면서 썼던 글이 생각나네요.

"(장애 아이를 낳은 저를 두고 떠올린 웹툰 작가의 생각) '필히' 불행할 거라고 단정 지어 생각했던 것 같다."

장애 아이에, 쌍둥이에, 아들 둘이라서 어려운 점은 당연히 있습니다. 하지만 필히 불행할 리는 없습니다. 부침은 있어도 나날이 커지는 행복을 느끼며, 아이들이 마음 단단한 어른으로 자랄 수 있게 사랑으로 채워진 육아를 하고 있으니까요. 그럴 수 있었던 것은 제가 불안한 엄마라는 것을, 흔들리는 엄마라는 것을 인정했기 때문입니다. 힘껏 불안해봤기에 도리어 중심을 잡을 수 있었어요. 그 덕분에 '좋은' 말고 '괜찮은' 엄마가 되기 위한 길을 차근차근 밟아가고 있답니다.

이 책을 덮기 전에 하고 싶은 말이 있습니다. 육아는 불안한 게 당연합니다. 그러니 흔들려도 괜찮습니다. 삼켜질 것 같은 불안도 결국은 지나갑니다. 그렇더라고요. 당장 내가 할 수 있는 일을 하고 있다면 지금 충분히 잘하고 있는 게 맞습니다. 내 아이만큼은 내가 육아 전문가라는 믿음으로 오늘보다 내일 더 단단해지는 당신이 되길 바랍니다.

불안과 확신 사이에서 **선택육아** 어제보다 오늘 더 단단해졌다

Copyrights for text © 김하림 Copyrights for editing & design © ㈜도서출판 한울림

글쓴이 | 김하림
펴낸이 | 곽미순 편집 | 박미화 디자인 | 김민서

펴낸곳 | ㈜도서출판 한울림 편집 | 윤소라 이은파 박미화
디자인 | 김민서 이순영 마케팅 | 공태훈 윤도경 경영지원 | 김영석
출판등록 | 1980년 2월 14일(제2021-000318호)
주소 | 서울특별시 마포구 희우정로16길 21
대표전화 | 02-2635-1400 팩스 | 02-2635-1415
블로그 | blog.naver.com/hanulimkids
인스타그램 | www.instagram.com/hanulimkids

1판 1쇄 펴냄   2024년 8월 28일
ISBN 978-89-5827-150-5 13590